湖南种植结构调整暨产业扶贫实用技术丛书

蔬菜高效生产技术

shucaigaoxiao
shengchanjishu

U0339646

主　　编：刘明月

副主编：殷武平

编写人员：马艳青　艾　辛　何长征　黄　科

　　　　　刘明月　殷武平　胡新军　周火强

　　　　　魏　林

湖南科学技术出版社

图书在版编目（ＣＩＰ）数据

蔬菜高效生产技术 / 刘明月主编. -- 长沙 ： 湖南科学技术出版社，2020.3(2020.8 重印)（湖南种植结构调整暨产业扶贫实用技术丛书）

ISBN 978-7-5710-0419-4

Ⅰ. ①蔬… Ⅱ. ①刘… Ⅲ. ①蔬菜园艺 Ⅳ. ①S63

中国版本图书馆 CIP 数据核字(2019)第 276113 号

湖南种植结构调整暨产业扶贫实用技术丛书

蔬菜高效生产技术

主　　编：刘明月
责任编辑：欧阳建文
出版发行：湖南科学技术出版社
社　　址：长沙市湘雅路 276 号
　　　　　http://www.hnstp.com
印　　刷：长沙超峰印刷有限公司
　　　　　（印装质量问题请直接与本厂联系）
厂　　址：宁乡市金州新区泉州北路 100 号
邮　　编：410600
版　　次：2020 年 3 月第 1 版
印　　次：2020 年 8 月第 2 次印刷
开　　本：710mm×1000mm　1/16
印　　张：12.25
字　　数：160 千字
书　　号：ISBN 978-7-5710-0419-4
定　　价：40.00 元

序言
Preface

　　重农固本是安民之基、治国之要。党的"十八大"以来，习近平总书记坚持把解决好"三农"问题作为全党工作的重中之重，不断推进"三农"工作理论创新、实践创新、制度创新，推动农业农村发展取得历史性成就。当前是全面建成小康社会的决胜期，是大力实施乡村振兴战略的爬坡阶段，是脱贫攻坚进入决战决胜的关键时期，如何通过推进种植结构调整和产业扶贫来实现农业更强、农村更美、农民更富，是摆在我们面前的重大课题。

　　湖南是农业大省，农作物常年播种面积 1.32 亿亩，水稻、油菜、柑橘、茶叶等产量位居全国前列。随着全省农业结构调整、污染耕地修复治理和产业扶贫工作的深入推进，部分耕地退出水稻生产，发展技术优、效益好、可持续的特色农业产业成为当务之急。但在实际生产中，由于部分农户对替代作物生产不甚了解，跟风种植、措施不当、效益不高等现象时有发生，有些模式难以达到预期效益，甚至出现亏损，影响了种植结构调整和产业扶贫的成效。

　　2014 年以来，在财政部、农业农村部等相关部委支持下，湖南省在长株潭地区实施种植结构调整试点。省委、省政府高度重视，高位部署，强力推动；地方各级政府高度负责、因地制宜、分类施策；有关专家广泛开展科学试验、分析总结、示范推广；新型农业经营主体和广大农民积极参与、密切配合、全力落实。在各级农业农村部门和新型农业经营主体的共同努力下，湖南省种植结构调整和产业扶贫工作取得了阶段性成效，集成了一批技术较为成熟、效益比较明显的产业发展模式，涌现了一批带动能力强、示范效果好的扶贫典型。

为系统总结成功模式，宣传推广典型经验，湖南省农业农村厅种植业管理处组织有关专家编撰了《湖南种植结构调整暨产业扶贫实用技术丛书》。丛书共 12 册，分别是《常绿果树栽培技术》《落叶果树栽培技术》《园林花卉栽培技术》《棉花轻简化栽培技术》《茶叶优质高效生产技术》《稻渔综合种养技术》《饲草生产与利用技术》《中药材栽培技术》《蔬菜高效生产技术》《西瓜甜瓜栽培技术》《麻类作物栽培利用新技术》《栽桑养蚕新技术》，每册配有关键技术挂图。丛书凝练了我省种植结构调整和产业扶贫的最新成果，具有较强的针对性、指导性和可操作性，希望全省农业农村系统干部、新型农业经营主体和广大农民朋友认真钻研、学习借鉴、从中获益，在优化种植结构调整、保障农产品质量安全，推进产业扶贫、实现乡村振兴中做出更大贡献。

丛书编委会

2020 年 1 月

第一章
辣椒种植技术

2

第二章
番茄种植技术

3

第三章
黄瓜种植技术

第四章
苦瓜种植技术

第五章
丝瓜种植技术

6

第六章
南瓜种植技术

第七章
冬瓜种植技术

第八章
豇豆种植技术

第九章
子　莲

典型案例1

"辣"出火红好日子

典型案例2

红辣椒里的产业扶贫"大文章"

第一章
辣椒种植技术

张竹青　马艳青

第一节　辣椒对环境条件的要求

一、温度

辣椒种子发芽的适宜温度为 25~30℃，超过 35℃或低于 10℃都难以发芽。在 25℃的条件下，4~5 天就能发芽；15℃时需要 15 天；12℃时需要 20天；10℃以下不能发芽。生长发育的适宜温度为 20~30℃，低于 15℃生长发育受阻，低于 5℃则受冻害；生长发育期昼夜温差以 6~10℃为宜；15℃以下花芽分化受到抑制，授粉结果以 20~25℃为最好，温度低于 15℃或高于 30℃则结果率下降。

二、光照

辣椒为喜温喜光作物，除了在种子发芽阶段不需要光照，其他阶段都需要良好的光照条件。光补偿点为 1500 勒克斯，光饱和点为 30000 勒克斯。光照充足，幼苗节间较短，叶色浓绿，根系发达，植株生长健壮，不易感病，植株开花结果多。光照不足造成植株徒长，茎瘦叶薄，花蕾果实发育不良，易落花、落叶及落果。

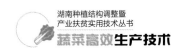
三、水分

辣椒对水分要求较严格,既不能太干,也不能太湿。种子浸种 4~8 小时,过长或过短都不利于发芽,辣椒幼苗期需水少,如果土壤过湿,通气性差,导致根系发育不良,易造成死苗。定植后要控制水分以防止徒长。初花期要加大供水量,满足开花、分枝的需要。果实膨大期需水更多,如果供水不足则果实畸形。水分太多则易导致落花落果,烂果死苗。

四、土壤及营养

辣椒对土壤要求不很严格,以土层深厚,土质疏松,肥水条件较好,土壤 pH 值 6.2~7.2 为宜。

辣椒对氮、磷、钾的要求较高,比例为 1∶0.3∶1.2,同时还需要吸收钙、镁、铁、硼、钼、锌等多种微量元素。氮肥不足则植株矮小、叶片小、分枝少、果实小;氮肥过多,植株易徒长及感染病害。磷能促进根系的发育,提早开花结果。钾能促进茎秆健壮和果实膨大,提高抗病力。幼苗期需要肥料较少,但要求较全面,否则会妨碍开花结果。初花期氮肥偏多会引起植株徒长而引起落花落果。盛果期养分不足会引起早衰和形成上部畸形果。

第二节　类型与品种

一、类型

线椒:果实呈羊角形,有长有短,果宽一般 1~2 厘米,辣味较浓,可鲜食也可加工。

尖椒:果实呈牛角形,果中等大小,果宽一般 3 厘米左右,辣味中等,以鲜食为主,湖南也有以青椒做白辣椒、泡渍辣椒。

炮椒:果实呈粗大的牛角形,味微辣,以鲜食为主,有薄皮炮椒和厚皮炮椒。薄皮炮椒在湖北、安徽、江苏、重庆等地作春提早栽培，皮薄，肉软，口感好，但不耐贮运。厚皮炮椒皮较厚、肉较厚，耐贮运，为南菜北运和北菜南运品种。

朝天椒：果实呈小羊角形，一般长度小于 10 厘米，果宽 1 厘米左右，辣味强，以加工为主。

螺丝椒：鲜食型菜椒，果表带皱带旋，果较大，辣味中等。

二、品种

（一）线椒品种

1. 博辣 5 号

中晚熟辛辣型长线椒品种。果实细长呈羊角形，青果绿色，红果颜色鲜红，果形长直，果表光亮少皱，果长 20~30 厘米，果宽 1.4~1.6 厘米，辣味浓，口感好，坐果集中，产量高，耐运输，适于鲜食及加工用（图 1-1）。

2. 博辣 6 号

中晚熟丰产型线椒品种。果实细长呈羊角形，果长 20 厘米左右，果宽约 1.8 厘米，单果重 20 克左右，果色由绿色转鲜红色，味辣。坐果多，连续坐果力强，挂果数 60 个左右，亩产 2500 千克左右，产量高，抗性强（图 1-2）。

3. 博辣 8 号

中早熟长线椒品种，植株生长势强，青熟果嫩绿色，生物学成熟果鲜红色，果表光亮。果长 26 厘米左右，果宽 1.8 厘米左右，单果重 30 克左右。果实皮薄味辣，口感好。坐果多，丰产性好（图 1-3）。

4. 博辣红牛

早熟线椒品种。青果浅绿色，生物学成熟果鲜红色，果长 20~22 厘米，果宽 1.5 厘米左右，果肉厚约 0.14 厘米，果表光亮有皱，果实皮薄，干物质含量高，干制率 20% 左右，可鲜食、加工干制，特别适宜酱制（图 1-4）。

5. 博辣红艳

首花节位在第 11 节左右，青熟果浅绿色，生物学成熟果鲜红色，果表光亮。果直，果长 24 厘米左右，果宽 1.6 厘米左右，果肉厚 1.5 毫米左右，单果重 30 克左右。可鲜食或酱制加工，坐果性好，抗逆性强（图 1-5）。

6. 博辣新红秀

中晚熟线椒品种，首花节位在第 13~14 节，株高 72 厘米左右，株幅 60 厘米左右，果长 24 厘米左右，果宽 1.6 厘米左右，单果重 20 克左右，青果绿色，生物学成熟果红色，果表带旋，坐果性强，可鲜食、加工、干制（图 1-6）。

图 1-1　博辣 5 号　　　图 1-2　博辣 6 号　　　图 1-3　博辣 8 号

图 1-4　博辣红牛　　　图 1-5　博辣红艳　　图 1-6　博辣新红秀

（二）尖椒品种

1. 兴蔬 215

中熟，果实呈长牛角形，青果绿色，果直光亮，果长 20 厘米左右，果宽 2.8 厘米左右，单果重 40 克左右，连续坐果能力强，采收期长。抗疫病、炭疽病、病毒病，耐高温干旱（图 1-7）。

2. 兴蔬 201

早中熟丰产尖椒。首花节位在第 9~10 节，株高 55 厘米左右，株幅 66 厘米左右。青果黄绿色，生物学成熟果鲜红色，果长 22 厘米左右，果宽 3.5 厘米左右，肉厚约 0.4 厘米，单果重约 40 克，果形顺直，果表光亮无皱（图 1-8）。

3. 兴蔬 208

中早熟尖椒品种。首花节位在第 10 节左右。果长 21 厘米左右，果宽 3.1 厘米左右，果肉厚 0.3 厘米左右，味辣，商品成熟果绿色，生理成熟果红色。坐果能力强，抗病抗逆能力强，适宜露地和保护地种植（图 1-9）。

图 1-7　兴蔬 215

图 1-8　兴蔬 201

图 1-9　兴蔬 208

4. 兴蔬 16 号

中熟，果实呈长牛角形，绿色，果长 18~20 厘米，果宽 3.2 厘米左右，单果重 50 克左右。辣味适中，果表光亮、顺直，商品性佳，耐贮运。挂果密，丰产性好（图 1-10）。

图 1-10　兴蔬 16 号

（三）炮椒品种（湖南种得少）

1. 福湘碧秀

早熟大果型粗牛角品种，青果浅绿色，生物学成熟果鲜红色，果表皱。果长 16 厘米左右，果宽 6 厘米左右，果肉厚约 0.4 厘米，单果重 150 克左右；坐果能力强，果实膨大快，能连续采收，早期产量高（图 1-11）。

2. 福湘新秀

早熟薄皮炮椒品种，果实呈粗牛角形，青果嫩绿色，生物学成熟果鲜红色，果实皮薄，韧性好，不易损坏。果表带纵棱。果长 17 厘米左右，果宽 5.5 厘米左右，果肉厚 3 毫米左右，单果重 100 克左右，坐果多，后劲足（图 1-12）。

3. 福湘秀丽

中熟粗牛角品种，抗病性强，产量高。青熟果绿色，生物学成熟果鲜红色，果表光亮，果长 15 厘米左右，果宽 5 厘米左右，果肉厚 0.4 厘米以上，平均单果重 150 克左右，耐贮运，商品性佳（图 1-13）。

图 1-11 福湘碧秀　　　图 1-12 福湘新秀　　　图 1-13 福湘秀丽

（四）朝天椒品种

1. 博辣天星

首花节位在第 12 节左右，青果绿色，生物学成熟果亮红色，果长 7 厘米左右，果宽 1.2 厘米左右，肉厚约 0.13 厘米，单果重约 7 克。果表光亮无皱，辣味强，坐果能力强。抗病性强，适应性广（图 1-14）。

2. 博辣天玉

中熟单生朝天椒品种，露地种植株高 70 厘米左右，开展度 63 厘米左右，首花节位在第 12 节左右。果长 8.5 厘米左右，果宽 1.2 厘米左右，果肉厚 1.4 毫米左右，味辣，青果绿色，红果橙红色或亮红色。适宜鲜食或剁制（图 1-15）。

3. 艳红

中熟单生朝天椒品种，果长 5~6 厘米，果宽 1 厘米左右，单果重 4 克左右，植株长势旺，连续坐果能力强（图 1-16）。

4. 飞艳

中熟单生朝天椒品种，植株高大直立，枝条硬，株高 92 厘米，叶色浓绿。果实呈小羊角形，果长 9.2 厘米，果宽 1.1 厘米，青熟果绿色，红熟果橘红色，再转大红色。果实单生，果尖细长，前后期果实一致，易于采摘，单果重 4.0~5.0 克，辣味浓，适合作青红鲜椒上市（图 1-17）。

图 1-14 博辣天星

图 1-15 博辣天玉

图 1-16 艳红

图 1-17 飞艳

（五）螺丝椒品种

1.兴蔬皱皮辣

早中熟皱皮羊角椒品种，青果绿色，果长 24 厘米左右，果宽 2.5 厘米左右，单果重 30 克左右，抗病抗逆能力强，连续坐果能力强。该品种适宜嗜辣地区作鲜食栽培，适宜春季保护地或露地栽培，湖南地区也可作秋延后栽培（图 1-18）。

2.博辣皱线 1 号

中早熟粗线椒品种。果实呈长羊角形，果表光亮，肩部有皱，果较顺直，果长 26 厘米左右，果宽 2.2 厘米左右，单果重 32 克左右，果肉厚 2 毫米左右，青果浅绿色，生物学成熟果鲜红色，坐果性好，果实口感品质好（图 1-19）。

图 1-18　兴蔬皱皮辣　　　　　图 1-19　博辣皱线 1 号

第三节　辣椒栽培模式

一、露地栽培

湖南辣椒以露地栽培为主，露地栽培一般 11 月至翌年 3 月均可播种，大棚或小拱棚育苗，4 月地温高于 12℃定植，前期采用小拱棚覆盖可适当提早到 3 月定植。管理好的可采收到 11 月打霜。

二、春提早栽培

春提早栽培一般 10 月播种，2~3 片心叶时假植，大苗越冬，2 月带花蕾定植，五一前后可上市。春提早栽培因辣椒上市早，价格好，效益比较好，近年来种植面积越来越大。

三、秋延后栽培

一般 7 月中旬播种，8 月定植，四膜覆盖（地膜、小拱棚、大棚双膜），可采收到第二年。近年秋延后栽培面积也越来越大。

第四节　辣椒露地栽培技术

一、培育壮苗

（一）播种

1. 播种时间

11 月上旬至翌年 3 月均可播种。

2. 播种量

每亩大田杂交品种用种量 30~50 克。

3. 苗床的准备

苗床应该选择排灌良好，疏松肥沃的土壤。最好实行营养土育苗。营养土的配制方法是：将菜园土、腐熟有机肥按 5 : 5 质量比混合，每立方米加入 50 千克过磷酸钙，拌匀。选用园土时一般不要使用同种蔬菜地的土壤，以种过豆类、葱蒜类蔬菜的土壤为好。有条件的可以用适量的育苗专用营养土。

4. 营养土消毒

用 50% 福美双或 65% 代森锌可湿性粉剂等量混合后消毒，一般每立方米营养土拌混合药剂 0.12~0.15 千克。

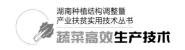
5. 电热线的铺设

先取掉 1~2 厘米厚的苗床本土再铺电热线，铺完电热线后再覆营养土。功率选择：一般每平方米床面 80~100 瓦的功率。如果一块苗床长 10 米、宽 1 米，则床面积为 10 平方米，若选用 1000 瓦的电加温线（长度为 100 米），每平方米床面 100 瓦，则需 1 根 1000 瓦的线，100 米长的线可铺成约 10 根，则每根线之间的距离约 11 厘米。线的布置：铺成"几"字形。先在苗床两端插入小竹签，采用 3 人布线的方式，一头一人固定，中间一人把线拉紧。布好线后，先铺少量营养土，接通电源，检查线路是否畅通。电路畅通无误时，小心取出两头的小竹签，然后再覆盖 2~3 厘米厚的营养土，就可以播种了。

6. 种子处理

（1）晒种：晒种可以促进种子的后熟，降低种子含水量，改善种皮的通气透水性，增强种子的吸水能力，同时种胚受了阳光的照射，生活力提高。经过日晒的种子，播种后能很快吸收水分，膨胀发芽，出苗快，出苗率高，有增产作用。晒种方式：选择晴天上午 9 时到下午 3 时，将种子薄薄地摊在芦席或簸箕上，在通风的地方晾晒 1 天。

（2）浸种：第一种，温汤浸种。将晒好的种子装在纱布袋中，放在 55℃左右的温水中，不断进行搅拌，15 分钟后当水温降至 30℃时，浸泡 4~8 小时，然后反复搓洗，洗净附着于种皮上的黏质。第二种，药液浸种。将温汤浸种后的种子，浸入 10% 的磷酸三钠水溶液中 30 分钟，可防病毒病；用 1000 毫升/升链霉素浸种 30 分钟可防疮痂病和青枯病；用 1% 的硫酸铜溶液浸种 5 分钟可防炭疽病和疮痂病。药剂浸种完后一定要用清水反复冲洗。建议使用第一种方法即可，经验不足的建议不要催芽。

7. 播种

（1）浇"底水"：首先应将床土浇湿，底水一定要浇足，要使 7~9 厘米内的土层含水量达 90% 左右。

（2）播种：将浸过的种子用干细土或草木灰拌匀，使成团的种子散开，然后将种子均匀地撒播于苗床，播种密度一般以每 10 平方米 100~150 克较为适宜。

（3）盖土：播种后应进行盖土，厚度以刚好将种子盖没为宜，一般为 0.5~1 厘米。

（4）浇"盖水"：为保证种子出苗期间有充足水分，播种后还应适当浇水，被水冲出的种子还应加盖培养土。

（5）及时覆盖薄膜，盖好小拱棚，小拱棚的中央高度 40~50 厘米。

（二）苗床管理

育苗床的温度和湿度管理是培育壮苗的关键。

1. 出苗期

从播种至子叶微展称为出苗期。在幼苗出土前，保持苗床充分湿润，并加强保温，白天温度控制在 25~30℃范围内，晚上在 10~15℃，尽量少揭或不揭地膜和小拱棚。如果发现营养土表层发白，应在日落前 1 小时洒足水。如果种子被冲出来，应随时补土覆盖。在辣椒苗破土 70% 时，应立即把苗床上的地膜揭掉。

2. 破心期

从子叶微展到第一片真叶露出为破心期。此期一是要增强光照。晴天应尽可能揭开覆盖物。二是保温防冻。一般白天将温度控制在 20℃左右，夜温不低于 10℃。注意及时揭膜和盖膜。三是要降低湿度。此期土壤含水量控制在 60%~80%，空气湿度 60%~70% 为宜。降湿的办法有在晴天时进行通风换气，但通风口一定要背风向。如果是连续阴雨天也要选择中午换气半小时。也可通过撒干细土或草木灰来降低湿度。

3. 基本营养生长期

破心到假植期或定植期为营养生长期。一是可以适当提高床温，温度控制在 17~23℃为好。二是加强光照。晴天尽可能通风见光，阴雨天中午前后适当通风见光。三是在水分管理上保持半干半湿。一般在床土表面快要露白时才浇水，浇水的时间在上午 10~12 时进行，此时气温高，因浇水而造成的床温降低易回升。浇完水后要注意通风，使淋在秧苗上的水蒸发掉，防止发生病害，浇水应少量勤浇。在床土不够肥沃，出现缺肥症状时，应及时追肥，追肥也必须在晴天中午进行。追肥以有机肥和复合肥为主，复合肥浓度以含氮、磷、钾各 10% 左右的专用复合肥配制，喷施浓度为 0.1%，切忌浓度过高。一般 3~4 片真叶时即可假植，面积过大，也可以在 7~8 片真叶时直接定植。

4. 炼苗期

定植前 7~15 天，加强炼苗，逐渐揭去苗床覆盖物，在移栽前 2~3 天，晚上不覆盖，使幼苗适应自然环境。

对于小拱棚育苗的在整个育苗阶段特别要做好防雨工作，切勿让雨水直接淋湿幼苗，防止各种病害发生。

二、整地定植

（一）整地施肥

1. 选地

选择前 1~2 年未种过茄科作物（辣椒、茄子、番茄、烟草、马铃薯）的地块。应选择地势高燥、排灌便利、土层深厚、富含有机质的壤土或沙壤土栽培。

2. 整地施基肥

头年先将地耕翻，在定植前 7~10 天再将地耕细，耕地前施足基肥，基肥种类主要是腐熟的人畜粪、饼肥、土杂肥等，同时注意磷钾肥的配合施用。每亩大田用过磷酸钙 30~50 千克、腐熟人畜粪 1000 千克、硫酸钾复合肥 40~50 千克、土杂肥 1500~2000 千克。在大面积种植有机肥不足的情况下，可采用 1 亩（1 亩 ≈ 667 米²）地用复合肥 50~75 千克，钾肥 25~50 千克，磷肥 25~50 千克，菜枯 50~75 千克。可以全部撒施，也可将 2/3 作基肥撒施，留 1/3 用于集中沟施。整成包沟 1.2 米的畦面，在畦面中央挖一条宽度为 20 厘米的施肥沟，将剩余的 1/3 的肥料撒于沟中，掺和均匀后平整畦面。然后盖膜，膜面绷紧，紧贴畦面，四周用土封严。湖南因雨水较多，杂草生长快，尽量采用地膜覆盖。地膜覆盖可以保肥、保水、保温、防除杂草。

（二）合理密植

当土温稳定通过 12℃后开始定植，选择株高 15~16 厘米，6~8 片真叶，无病虫害的壮苗定植。每畦栽 2 行，株行距早熟品种 40 厘米左右，中熟品种 50 厘米左右，晚熟品种 60 厘米左右。每穴可栽单株也可栽双株。定植时，栽植深度以根颈部与畦面相平或稍高于畦面为宜。

三、田间管理

（一）肥水管理

定植初期，以促进缓苗为目的，浇足定植水，此期不用施肥，需 5 天左右。缓苗后至结果初期，以促根控秧为主要目标，此期可不用追肥。结果初期到整个结果盛期，应掌握好营养生长和生殖生长平衡，一般以第一个果长到一定大小时，浇一次水，同时可追施绿色有机肥加适量尿素和磷钾复合肥，每亩追施 15 千克。盛果期每 7~10 天浇水，一次清水一次肥水。浇水时间最好在晴天上午，以免诱发病害。

（二）植株调控、保花保果

调整好枝蔓，以互相不遮光、通风透气为原则。要及时除侧枝，植株下部的老叶、病叶、黄叶也要及时打掉。生长中后期，还要把重叠枝、拥挤枝、徒长枝剪去一部分，使枝条疏密得当。辣椒生育期较长，一般春季种植可采收到打霜，因此立秋前后进行一次植株整理和病虫害防治，能提高秋后坐果。在不良环境条件下要采取多种措施保花保果。保花保果剂有芸苔素、番茄灵等，使用时严格按说明进行。

（三）适时采摘

开花授粉后 30~35 天开始采收嫩果。对于生长势较弱的植株，采收时"重摘"；对生长势较强的植株，采收时则"轻摘"。红椒一般在花谢后 50 天左右即可采收。而用来做干辣椒的，则必须采收红熟的果实。采收要及时，否则影响植株的生长和结果。一般选择晴天作业。发现病株、烂果，应该及时拔除并销毁。采收时，连同果柄一起采，轻拿轻放，减少机械损伤。

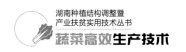
第五节　辣椒春提早栽培技术

一、品种选择

湖南早春低温弱光时间长，采用大棚栽培，应选择早熟、耐低温弱光、抗病性和抗逆性强、在大棚内不易徒长的品种，辣味型品种可选择兴蔬皱皮辣、兴蔬 301、兴蔬 215、樟树港辣椒、辛香 2 号等。

二、播种育苗

播种育苗方法同露地栽培。但播种期早，在 10 月上中旬播种。苗期管理注意保温、降湿，防治灰霉病、猝倒病、立枯病、病毒病、蚜虫等。2~3 片真叶时假植，即 11 月下旬至 12 月上旬，选晴天将秧苗假植入营养钵或假植床中。假植后密闭大棚和小拱棚 5~7 天，保持适宜的温度和湿度，有利于辣椒苗假植成活。

三、整地定植

整地定植同露地栽培，但是定植密度大些。株距 25 厘米，行距 30 厘米，每亩栽 3800 株左右。

四、田间管理

（一）水肥管理

同"露地栽培"。

（二）温湿度管理

辣椒生长适宜气温白天 20~28℃，夜间不低于 13℃，空气相对湿度 70%~80%。定植后，可密闭棚 1 周，提温促进活苗。如棚内温度超过 30℃，要加强通风。白天大棚内的小棚膜适当揭开，天气寒冷时，通风时间宜少；气温回升时，逐渐加大通风量和通风时间。在 4 月上旬夜温逐渐稳定在 15℃以上，晴天可不密闭棚，大棚内的小棚膜可撤除。4 月中下旬可将围膜去掉，留顶膜可避免雨淋，防止病害发生。

（三）防止落花、落果、落叶

开花前期用防落素 20~25 毫克/升涂花柄，以防落花。4 月下旬至 5 月可自然授粉而结果，轻轻拍打植株，能增加其自然授粉率。

（四）采收

保护地春季栽培 4 月上中旬始采收，采收最好在晴天进行，以利伤口愈合，减少病害。采收要及时，可适当采嫩些，辣椒长到八成大小，皮未变硬时采。一般始采收后 3~5 天可采一次，勤采收有利于提高早期产量，促进持续挂果，延长采收期。

第六节　辣椒秋延后栽培技术

参照湖南省地方标准《辣椒秋延后大棚栽培技术规程》DB43/T 988—2015。

第七节　病虫害防治

一、主要病害防治

（一）苗期病害

1. 猝倒病

（1）症状：猝倒病又称小脚瘟。幼苗出土后，开始在胚基部出现黄褐色水渍状病斑，发展至绕茎一周，病部组织腐烂干枯而凹陷，产生缢缩，使幼苗子叶或幼苗还没有凋萎即倒伏于地，出现猝倒现象。

（2）发病条件：低温高湿、弱光，地温低于 10℃。

（3）防治方法：加强苗床管理，保温控湿。用多菌灵、甲基托布津拌干细土，或直接撒干细土、草木灰于亩床。

2. 灰霉病

（1）症状：叶片发病，由叶缘向内呈"V"字形扩展，病斑初呈水渍状，边缘不规则，后呈茶褐色。茎从苗期到成株期均可发病，病部淡褐色，表面生灰色霉层。该病也可为害果实。

（2）发病条件：低温高湿。

（3）防治方法：保温，通风控湿，用嘧霉胺、异菌脲或腐霉利等喷雾。

（二）成株期病害

1. 疮痂病

（1）发生时期：5月中下旬始发，6月为发病高峰期，7月雨季结束停止发展。高温多雨易发生。

（2）症状特点：主要为害叶片，初在叶背面生隆起斑点，水渍状，扩大后病斑为不规则形，周缘稍隆起，暗褐色，内部色较淡，稍凹陷，表面粗糙呈疮痂状，然后叶片脱落。也可为害茎、果实。

（3）防治方法：发病初期及时喷药，200毫克/千克新植霉素、可杀得叁千等，每隔7~10天1次，连续防治2~3次。

2. 炭疽病

（1）发生时期：6月开始发生，7~8月盛发，一般果实受日灼后，容易发病。

（2）症状特点：炭疽病主要为害果实和叶片，也可侵染茎部。叶片染病，初呈水浸状褪色绿斑，后逐渐变为褐色。病斑近圆形，中间灰白色，上有轮生黑色小点粒，病斑扩大后呈不规则形，有同心轮纹，叶片易脱落。果实染病，初呈水渍状黄褐色病斑，扩大后呈长圆形或不规则形，病斑凹陷，上有同心轮纹，边缘红褐色，中间灰褐色，轮生黑色点粒，潮湿时，病斑上产生红色黏状物，干燥时呈膜状，易破裂。

（3）防治方法：防日灼；用百菌清、多菌灵、甲霜灵锰锌、杀毒矾、嘧菌酯、吡唑醚菌酯等，每隔7~10天喷施1次，连续防治2~3次。

3. 疫病

（1）发生时期：5~6月，气温28~30℃，湿度越大越易发生。特别是大雨后天气突然转晴，气温急剧上升时发病重。该病是辣椒种植中为害较重的病害。

（2）症状特点：茎枝病部开始为暗绿色水渍状，后变为褐色坏死长条斑，病部凹陷缢缩，植株上部萎蔫枯死。叶片受害产生暗绿色水渍状圆形或近圆形的病斑，直径2~3厘米；湿度大时整叶腐烂，干燥时，病斑淡褐色，病叶易脱落。果实受害始于蒂部，产生暗绿色水渍状病斑，湿度大时变褐软腐，表面长出白色稀疏霉层，干燥时形成僵果残留于枝上。根部受害变褐腐烂，整株萎蔫枯死。但维管束不变色，该症状有别于镰刀菌引起的枯萎病。

（3）防治方法：加强栽培管理，发现病情及时清除病株，同时喷药防治。防治药剂有70%甲霜灵锰锌或70%乙磷铝锰锌，25%瑞毒霉，85%乙磷铝，64%杀毒矾，抑快净，安果好等。以上药液需交替使用，每5~7天一次，连续2~3次。阴雨天气，改用百菌清粉尘剂喷施，每亩用药800~1000克；或用克露烟雾剂熏烟防治，每亩用药300~400克。

4. 青枯病

（1）发生时期：5~6月开始发生，7月发生最严重。该病受土壤酸碱度及品种差异影响大。

（2）症状特点：局部侵染，全株发病。发病初期，植株整株或部分枝叶中午萎蔫，傍晚恢复，2~3天后不再恢复，枯死时仍保持绿色。剖检根茎维管束变褐，潮湿时挤捏茎部切口渗出黏质物，或把病茎小段悬吊浸于清水中，稍后可见雾状物涌出（皆为菌脓）。此有别于辣椒枯萎病或侵染性根腐病。

（3）防治方法：①发现零星病株，立即拔除。病穴用2%福尔马林液或20%石灰水液浇灌消毒，防止土壤病菌扩散。②连片发生时，应用100~200毫克/千克新植霉素灌根。每株灌药液0.25~0.5千克，每10~15天灌1次，连续2~3次。灌根的同时，喷施药液，如77%可杀得可湿性粉剂500倍液、72%农用链霉素可湿性粉剂4000倍液。每3~7天1次，连续喷施2~3次。

噻菌酮、世高是近两年应用效果较好的新药。

5. 白绢病

（1）发生时期：6月中下旬开始发生，7月为发生高峰期。往往是先期根颈部感染了其他病害。

（2）症状特点：以茎基部产生放射状白色绢丝霉层（即霉苞）为典型症状。

（3）防治方法：发病初期用20%甲基立枯磷1000倍液，20%适乐时1000倍液，90%敌克松可湿性粉剂800倍液灌施或淋施1~2次，相隔15天一次。

6. 病毒病

（1）发生时期：长沙地区5月中下旬始发，6~7月盛发，待8月份高温干旱后，病情更加严重。

（2）症状特点

①花叶型：病叶出现明显黄绿相间的花斑、皱缩，或产生褐色坏死斑。②黄化型：病叶变黄，严重时植株上部叶片全变黄色，形成上黄下绿，植株矮化并伴有明显的落叶。③坏死型：包括顶枯、斑驳坏死和条纹状坏死。④畸形型：叶片畸形、植株矮化丛簇型。

（3）防治方法：①选用抗病品种；②种子处理：用清水将种子浸泡3~4小时，再放入10%磷酸三钠溶液中浸30分钟，捞出后冲洗干净再播种；③防治蚜虫和蓟马；④可用病毒A 600~800倍液，或毒飞600~1000倍液，或病毒清600~800倍液等进行喷雾防治。

7. 日灼病

辣椒日灼病是由阳光直接照射引起的一种生理性病害。

（1）为害症状：辣椒果实向阳面褪绿变硬，病部表皮失水变薄易破。病部易引发炭疽病或被一些腐生菌腐生，并长黑霉或腐烂。

（2）发生因素：由于太阳直射，使表皮细胞灼伤而引起。在天气干热、土壤缺水，或忽雨忽晴、多雾等条件下容易发病。

（3）防治方法：因地制宜选用耐热品种；阳光照射强烈时，可采用部分遮阴法，或使用遮阳网防止棚内温度过高；移栽大田时采用双株合理密植，密植不仅可遮阴，还可降低土温，以免产生高温危害；与玉米等高秆作物间作，利用高秆作物遮阴降温。

二、主要虫害防治

1. 蚜虫

（1）为害特点：蚜虫的成虫或若虫在辣椒叶上刺吸汁液，造成叶片卷缩变形，植株生长不良，影响产量。蚜虫传播多种病毒病，造成的危害远大于蚜害本身。

（2）防治方法：①清洁田园，消除田周围蚜虫的越冬寄主；②采用银灰薄膜覆盖，达到避蚜防病目的；③黄板诱蚜，并涂以粘虫胶杀死成虫；④用药剂抗蚜威、灭杀毙、蚜虱净、吡虫啉等喷雾。由于蚜虫多着生在心叶及叶背皱缩处，所以喷药时对准叶背将药液喷到虫体上。

2. 白粉虱

（1）为害特点：①直接为害，连续吸吮使植物生长缺乏碳水化合物，产量降低。②注射毒素，吸食汁液时把毒素注入植物中。③引发霉菌，其分泌的蜜露适于霉菌生长，污染叶片与果实。④影响产品质量，真菌导致一般果实变黑。⑤传播病毒病，白粉虱是各种作物病毒病的介体。

（2）防治方法：①可喷药防治，用药有粉虱净、啶虫脒、螺虫乙酯、虫嗪、烯啶虫胺、菊马乳油、氯氰锌乳油、功夫菊酯等。②在温室、大棚内可引入蚜小蜂，盖上防虫网。③成虫对黄色有较强的趋性，可用黄色板诱捕成虫并涂以粘虫胶杀死成虫，但不能杀卵，易复发。

3. 烟青虫

（1）为害特点：以幼虫蛀食蕾、花、果，也食害嫩茎、叶和芽。果实被蛀引起腐烂而大量落果，是造成减产的主要原因。

（2）防治方法：①及时打杈，摘除虫果。②BT乳剂、美曲磷酯、辛硫磷、功夫菊酯、菊马乳油等喷雾。③诱杀成虫：糖10份，酒、醋各1份，

加水 8 份，配成混合液，加 90% 美曲磷酯少许，晚上放田间，每亩一碗，连放 10 天，每早收回。

4. 茶黄螨

（1）为害特点：成螨和幼螨集中在作物幼嫩部分刺吸汁液，造成植株畸形。受害叶片背面呈灰褐色或黄褐色，具油质光泽或油浸状，叶片边缘向下卷曲；受害嫩茎、嫩枝变黄褐色，扭曲畸形，严重者植株顶部干枯；受害的蕾和花，重者不能开花和坐果，果实受害，果柄、叶片、果皮变为黄褐色，丧失光泽，木栓化，受害严重者落叶、落花、落果，大幅度减产。由于螨体极小，肉眼难以观察识别，上述特征常被误认为生理病害或病毒病害。

（2）防治方法：茶黄螨生活周期较短，繁殖力极强，应特别注意早期防治。第一次用药时间一般为 5 月底 6 月初，以后每隔 10 天喷一次，连续防治 3 次。常用药剂有 73% 克螨特乳油 2000 倍液、哒螨灵、阿维菌素等。

5. 红蜘蛛

（1）为害特点：受害叶背呈灰褐色或黄褐色，具油渍状光泽或油浸状，叶缘向下卷曲，严重时辣椒落叶、落花、落果。

（2）防治方法：对红蜘蛛喷药必须早期防治，即红蜘蛛点片发生初期，立即用喷雾器喷雾防治。可用的药剂有 73% 克螨特乳油 3000 倍液，20% 增效哒螨灵 2500~3000 倍液。

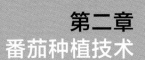

第二章
番茄种植技术

何长征

番茄,又称西红柿,是茄科番茄属一年生或多年生草本植物,原产于南美洲,在我国南北广泛栽培。番茄的果实营养丰富,具特殊风味。可以生食、煮食、加工番茄酱、汁或整果罐藏。研究表明,番茄属于低度镉积累型蔬菜,是湖南省重金属污染区农业结构调整的重要候选作物之一。番茄在湖南以春夏栽培为主,少量作秋季栽培。

第一节　番茄对环境条件的要求

一、温度

番茄喜温暖,不耐炎热。发芽的最低温度11℃,适温20~30℃,最高温度35℃。幼苗期适宜昼温20~25℃,夜温13~17℃;花芽分化适宜昼温24℃左右,夜温17℃左右,8℃以下低温易形成多心皮子房,成为畸形花果。开花结果期光合作用的最适温度为22~26℃,30℃光合强度明显降低,35℃生长停滞,引起落花落果。

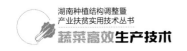

二、光照

番茄是喜光作物，光饱和点为 70000 勒克斯，番茄适宜光照强度为 30000~50000 勒克斯。番茄是短日照植物，在由营养生长转向生殖生长过程中基本要求短日照，但要求并不严格，有些品种在短日照下可提前现蕾开花，多数品种则在 11~13 小时的日照下开花较早，植株生长健壮。

三、水分

番茄既需要较多的水分，但又不必经常大量灌溉，一般以土壤湿度 60%~80%、空气湿度 45%~50% 为宜。空气湿度大，不仅阻碍正常授粉，而且在高温高湿条件下病害严重。

四、土壤及营养

番茄对土壤条件要求不太严格，但为获得丰产，促进根系良好发育，应选用土层深厚、排水良好、富含有机质的肥沃壤土。土壤 pH 值以 6~7 为宜，过酸或过碱的土壤应进行改良。番茄在生育过程中，需从土壤中吸收大量的营养物质，每生产 5000 千克果实，需要从土壤中吸收氧化钾 33 千克，氮 10 千克，磷酸 5 千克。

第二节　类型与品种

一、类型

番茄按植株的生长习性可分为有限生长类型和无限生长类型两大类。

1. 有限生长类型

有限生长类型又称"自封顶"类型。自主茎生长 6~8 片真叶后，开始着生第一个花序，以后每隔 1~2 片叶着生一个花序（也有个别品种连续每节着生花序的）。在茎上着生 2~3 个花序后，其顶端即形成一个花序，因而不再向上伸长。由叶腋所生的侧枝，一般只能生 1~2 个花序，就自行封顶。因此植株矮小，结果早而集中，采收期短，早期产量较高，适宜作早熟栽培。

2. 无限生长类型

无限生长类型又叫非自封顶类型，自主茎生长 7~9 片叶后，开始着生第一花序（晚熟品种第 10 片以上真叶才生第一花序），以后每隔 2~3 片叶着生一个花序，主茎顶端可以继续向上生长而不封顶。叶腋所发生的侧枝，也每隔 2~3 片叶着生一个花序而不封顶。因此植株高大，结果较迟，采收期长，总产量高。

按果实大小，番茄可分为大果型（150~200 克以上）、中果型（100~149 克）、小果型（100 克以下）。

二、优良品种

1. 金石王子 1 号

该品种从以色列引进。生长势强，早熟性好，无限生长类型，植株生长旺盛，耐热、耐寒，综合抗性强，适应性广泛。单果重 200~250 克，果实扁圆形，石头果，大小均匀，色泽鲜红亮丽，有光泽，着色均匀。果实坚硬，肉厚，极耐贮运。连续坐果能力强，亩产 10000 千克左右。

2. 金石王子 8 号

该品种从以色列引进。生长势强，无限生长类型，根系发达，植株生长旺盛，抗病毒病、早疫病、晚疫病，综合抗病性强。坐果能力强，单果重 200~250 克，果实扁圆形，石头果，大小均匀，转色快，着色均匀，商品性好。耐裂果，果硬肉厚，特耐贮运，货架期长。一般亩产 15000 千克左右。

3. 欧育 704

该品种为大红果，无限生长类型，果形美观，颜色亮丽，商品性佳，果皮硬，极耐贮运，单果重 250 克左右，极耐热，高温多雨季节仍易坐果，抗

23

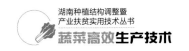

青枯病，是南方红果番茄生产基地越夏种植的绝佳品种。

4. 欧育早红

该品种为早熟大红果，有限生长类型，果色亮丽，果皮特硬，果形圆整，耐运输，贮运后不易变软，单果重300~400克，高温季节易坐果，不易裂果。

5. 欧育609

该品种为大红果，无限生长类型，果形好，颜色亮丽，果皮硬，耐贮运，单果重220~260克，耐湿热能力强，高温易坐果，综合抗病能力强，适合南北方越夏栽培。

6. 黑樱桃

该品种植株生长势旺盛，无限生长类型，叶深绿色，熟期早，果实呈圆形，成熟后果皮黑红色，坐果率高，整齐。一般单果重20~40克，不易裂果，果汁多，糖度高，风味鲜美，品质好。

7. 以色列R2688

该品种从以色列引进，无限生长类型，植株旺盛，坐果率高，丰产、耐热、耐低温、弱光，综合抗性强，适应性广、石头果，果实扁圆形，单果重300克左右，熟果鲜红亮丽，果实硬实，果肉厚实，味佳，耐贮运（室温20℃可保存20~30天不变质）。适宜秋延迟、早春保护地及露地栽培。亩产量10000~15000千克。

8. 赣番茄2号

该品种早熟，高封顶生长类型，生长势强，坐果率特高，每株坐果可达28~30个。果实圆球形，果色介于大红与粉红之间，单果重150克左右，最大果重可达500克。高抗青枯病，兼抗病毒病、早（晚）疫病和灰霉病。不仅适合露地和保护地栽培，而且还适宜高山栽培，亩产量可达4000千克以上。

9. 浙粉202

该品种中熟，无限生长类型，长势中等，果实高圆形，果皮厚而坚韧，果肉厚，裂果和畸形果极少，成熟果粉红色，青果无果肩，着色一致，特大果形，单果重 300 克左右，大果可达 450 克以上。高抗 TMV 和叶霉病，耐 CMV 和枯萎病，耐低温和弱光性好、耐贮运，高产时亩产可达 10000 千克以上。

10. 钻红美丽

该品种极早熟，无限生长类型，生长势旺，坐果率高，果近圆形，单果重 150~180 克，果色大红，色泽亮丽，淡青肩，商品率高，果硬，货架期长，耐贮运，品质好。耐番茄黄化曲叶病毒病（TYLCV），耐褪绿病毒病。

11. 中蔬 4 号

该品种为无限生长类型，生长势强，株型紧凑，果形圆正，畸形及裂果少，果皮及果肉红色，果肩绿色，果面光滑，平均单果重 154 克。对烟草花叶病毒病抗性强，对晚疫病也有一定耐病性，亩产 5000 千克。

第三节　栽培技术

一、培育壮苗

（一）育苗基质的制备

育苗营养土必须认真配制，选无病虫害的大田作物地块的心土 6 份，以壤土为好，加经腐熟和粉碎的有机肥（如猪肥、鸡粪等）4 份，并按每立方米加氮、磷、钾复合肥 1 千克后充分拌匀。为防止土壤传播病虫害可每立方米均匀掺入多菌灵 200 克、敌百虫 100 克。如采用基质穴盘育苗，选用专用的育苗基质效果比较好。

（二）种子处理

1. 消毒

种子用 55℃热水浸种 15 分钟，捞出后放入 10% 磷酸三钠溶液中浸泡 20~30 分钟，用清水冲洗干净，最后放入 25~30℃的温水中浸种 6~8 小时。

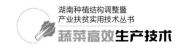
2. 催芽

将消毒好的种子洗净,放进小瓷碟内,上盖湿纱布,放在25~30℃环境中催芽,每天用清水冲洗1次。当有60%的种子露白尖时停止催芽,准备播种。

（三）播种

湖南番茄露地栽培宜在12月至翌年1月上旬于大棚冷床播种,每亩大田用种15克,需苗床面积15平方米。采用基质穴盘育苗,先将基质拌湿、拌匀后装入50孔或72孔穴盘中,将基质稍压实后每穴播入1粒种子,稍覆一薄层基质土后覆盖地膜和小拱棚保温保湿,促进出苗。

（四）幼苗培育

维持床温25℃左右。50%幼苗出土后及时揭开地膜,随后降温降湿,加强光照。保持床温15~20℃,气温20~25℃,做到尽量降低基质湿度,基质不现白不浇水,促使幼苗根系下扎,同时以防猝倒病发生。待幼苗子叶充分展开破心时,加强肥水管理,以干湿交替为原则,促进地上部真叶生长。白天床温15℃以上时揭开小拱棚,夜晚盖上保温。注意病虫害防治,定植前5~7天,将温度逐渐降低至13~15℃并控水进行炼苗。壮苗标准:8~9片真叶,株高18~25厘米,叶色浓绿,茎秆粗壮,节间短,根系发达。

二、整地施肥

选用3~4年未种过茄果类的地块,冬季进行深翻晒土。移栽前10天进行整地。土壤翻耕结合施肥进行,每亩撒生石灰150~200千克,以提高土壤酸碱度,使青枯病失去繁殖的酸性环境。施入腐熟人畜粪3000千克,饼肥75千克,三元复合肥50千克。土壤翻耕施肥后,立即整地作畦,畦宽0.8米,畦沟宽0.5米,沟深0.3米,畦面平整,略呈龟背形,然后覆盖地膜。

三、合理密植

番茄喜温,春季定植过早,温度不稳定,易受倒春寒等恶劣天气影响,容易受冷害。春茬露地定植时宜在3月下旬至4月上旬。

早熟品种行株距 50 厘米 × 35 厘米，每亩 2900 株；晚熟品种 50 厘米 × 45 厘米，每亩 2300 株。

四、大田管理

（一）搭架和整枝

1. 搭架

当蔓长至 0.4 米左右，及时搭架。在植株旁插一根长 1.7~2 米的竹竿，将相对的两根竹竿顶端交叉，四根扎成一组，呈"人"字形，一排相连呈篱形。蔓长 0.4 米左右时引蔓上架，然后每隔 3~4 节绑一次蔓。

2. 整枝

一般采用单干整枝，及时摘掉多余的侧枝。有限生长类型品种留 3 层果，无限生长类型品种可留 4~5 层果摘心，结合整枝绑蔓摘除下部老叶、病叶，并进行疏花疏果。在第一花序已开花成小果时进行整枝，可以调节营养生长与生殖生长的矛盾，促进多结果、结大果。单秆整枝，摘除所有侧枝，只让主枝继续生长结果；双秆整枝，留主枝与一个强侧枝，其余所有侧枝摘除。

（二）水肥管理

移栽初期必须控制浇水，防止番茄茎叶徒长，促进根系发育。第一花序坐果后，每亩追施复合肥 15 千克，灌 1 次水；第二果和第三果长至直径 3 厘米大小时，分别进行第二、第三次施肥，每亩用尿素 5~10 千克、硫酸钾复合肥 15~20 千克。以后每批收果后均要同样追肥，还可淋施粪水和沼气肥，喷施叶面肥。灌水要在晴天上午进行。

（三）防止落花落果

为防止落花落果，在花期加强温度、水分等环境条件控制的同时，进行人工辅助授粉（振动植株或花序），并采用番茄灵或二氯苯氧乙酸（2，4-D）等坐果激素处理花。

正确使用坐果激素，常用的几种方法如下：

1. 涂抹法

用 2，4-D 时，采用浓度为 15~20 毫克/升，先根据 2，4-D 类型将药液配好并加入少量的红或蓝色做标记，然后用毛笔蘸取少许药液涂抹在花柄的离层或柱头上。

2. 蘸花法

用 PCPA、2，4-D 时均可用此法。将开有 3~4 朵花的整个花穗在溶液中蘸一下，然后用盛装溶液的容器边缘轻轻触动花序，让过多的激素流入容器里。

3. 喷雾法

用番茄灵时采用，当番茄每穗花有 3~4 朵开放时，用小喷雾器或喷枪对准花穗喷洒，使雾滴布满花朵又不下滴。

注意事项：使用 2，4-D 蘸花时的浓度要适中，随着气温的升高浓度变低；蘸过的花要涂色做好标记，严防重复蘸花；蘸花时要精心操作，防止 2，4-D 药液滴到嫩枝、嫩叶上；严禁在田间喷洒 2，4-D，若田间花量大，需要喷花时可用番茄灵。

五、采收

番茄的采收期因温度高低、品种不同而有差异。一般从开花到果实成熟，早熟品种 40~50 天，中熟品种 50~60 天。鲜果上市最好在转色期或半熟期采收；贮藏或长途运输最好在白熟期采收；加工番茄最好在坚熟期采收。适时早采收可以提早上市，增加前期产量和产值，并且还有利于植株上部果实的生长发育。

第四节　病虫害防治

一、主要病害防治

（一）灰霉病

灰霉病在低温、连续阴雨天气多的年份危害严重。病菌主要侵害果实，侵染由残留的花及花托向果实或果柄扩展，使果皮成为灰白色水渍状，变软腐烂；以后在果面、花萼及果柄上出现大量灰褐色霉层，果实失水僵化。灰霉病也为害茎叶，成株期病斑始见于叶片，由边缘向里呈"V"字形发展，并产生深浅相同的轮纹，表面着生少量灰霉，叶片最后枯死（图2-1至图2-3）。

图2-1　番茄灰霉病病叶

图2-2　番茄灰霉病病花

图2-3　番茄灰霉病病果

灰霉病的防治：要注意在整地前清除上茬残枝败叶，减少菌源，及时摘除已发病的叶、花、果，摘除病果、病花、病叶时，要用塑料袋套住后，方可摘除，以免操作不当，散发病菌，传播病害。药剂防治可在发病初期，选用 50% 速克灵可湿性粉剂 1500 倍液，或 48% 福·菌核可湿性粉剂 500 倍液，或 40% 嘧霉胺悬浮剂 800~1000 倍液，或 50% 福·异菌可湿性粉剂 800 倍液，或 50% 嘧菌环胺水分散粒剂 500 倍液，或 50% 异菌脲可湿性粉剂 1000 倍液，或 50% 腐霉利可湿性粉剂 800~1000 倍液，或 1.5% 多抗霉素可湿性粉剂 300~400 倍液，或 50% 乙烯菌核利水分散粒剂 1000 倍液喷雾，每隔 7 天左右喷 1 次，连续 2~3 次；也可选用 50% 的扑海因可湿性粉剂 1000 倍液蘸花或涂抹。

（二）叶霉病

番茄叶霉病主要为害叶片，严重时也为害茎、花和果实。叶片发病，初期叶片正面出现黄绿色、边缘不明显的斑点，叶背面出现灰白色霉层，后霉层变为淡褐色至深褐色（图 2-4，图 2-5）；湿度大时，叶片表面病斑也可长出霉层。病害常由下部叶片先发病，逐渐向上蔓延，发病严重时霉层布满叶背，叶片卷曲，整株叶片呈黄褐色干枯。嫩茎和果柄上也可产生相似的病斑，花器发病易脱落。果实发病，果蒂附近或果面上形成黑色圆形或不规则斑块，硬化凹陷，不能食用。在排水不畅、通风不良、田间过于郁闭、空气湿度大的田块以及早春低温多雨、连续阴雨或梅雨时间长的年份发病较重。

图 2-4　番茄叶霉病病叶（正面）

图 2-5　番茄叶霉病病叶（背面）

叶霉病的防治：要注意和非茄科作物进行三年以上轮作，种植番茄的地块种前要清理干净前茬的老残病枝叶，以降低菌源基数。在进行番茄育苗时，要用温汤浸种或用药剂如高锰酸钾进行种子消毒，以减少种子带菌引起的初侵染。药剂防治可选用2%武夷霉素（BO-10）水剂150倍液，这是防治该病的首选药剂；也可选用氟菌唑（特富灵）3000倍液，或亚胺唑（霉能灵）1500~2000倍液，或80%代森锌可湿性粉剂500倍液，或50%多菌灵可湿性粉剂500倍液，或70%代森锰锌500倍液，或47%加瑞农可湿性粉剂500倍液或70%甲基托布津500倍液喷雾，每7~10天一次，连喷3次。

（三）早疫病

番茄早疫病主要为害叶片，也可为害幼苗、茎和果实（图2-6至图2-9）。幼苗染病，在茎基部产生暗褐色病斑，稍凹陷有轮纹。成株期叶片被害，多从植株下部叶片向上发展，初呈水浸状暗绿色病斑，扩大后呈圆形或

图2-6　番茄早疫病病叶（初期）

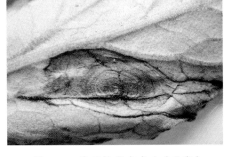

图2-7　番茄早疫病病叶（后期）

图2-8　番茄早疫病病茎

图2-9　番茄早疫病病果

不规则形的轮纹斑，边缘多具浅绿色或黄色的晕环，中部呈同心轮纹，潮湿时病斑上长出黑色霉层，严重时叶片脱落；茎部染病，病斑多在分枝处及叶柄基部，呈褐色至深褐色不规则圆形或椭圆形病斑，凹陷，具同心轮纹，有时龟裂，严重时造成断枝。青果染病，多始于花萼附近，初为椭圆形或不规则形褐色或黑色斑，凹陷，后期果实开裂，病部较硬，密生黑色霉层。叶柄、果柄染病，病斑灰褐色，长椭圆形，稍凹陷。番茄早疫病在气温 20～25℃，相对湿度 80% 以上或阴雨天气，病害易流行。重茬地、低洼地、瘠薄地、浇水过多或通风不良地块发病较重。

发病初期，及时摘除病叶、病果及严重病枝，开始喷施杀菌农药，喷洒 50% 腐霉利可湿性粉剂 2000 倍液、50% 异菌脲可湿性粉剂 1000～1500 倍液、65% 抗霉威可湿性粉剂 1000～1500 倍液、4% 嘧啶核苷类抗菌素 500 倍液、50% 甲基硫菌灵可湿性粉剂 500 倍液、50% 克菌灵可湿性粉剂 1000 倍液、50% 多霉灵可湿性粉剂（多菌灵＋乙霉威）1500 倍液、70% 代森锰锌可湿性粉剂 500 倍液、65% 甲霉灵（甲基硫菌灵＋乙霉威）可湿性粉剂 1500 倍液、武夷菌素水剂 150 倍液喷雾。为防止产生抗药性、提高防效，提倡轮换交替或复配使用。每 7 天喷 1 次，连喷 2～3 次。

（四）青枯病

青枯病是一种会导致全株萎蔫的细菌性病害，当番茄株高 30 厘米左右，青枯病株开始显症：先是顶端叶片萎蔫下垂，后下部叶片凋萎，中部叶片最后凋萎，也有一侧叶片先萎蔫或整株叶片同时萎蔫的。发病初期，病株白天萎蔫，傍晚复原，病叶变浅（图 2-10）。发病后，土壤干燥，气温偏高，2～3 天全株即凋萎。如气温较低，连阴雨或土壤含水量较高时，病株可持续 1 周后枯死，但叶片仍保持绿色或稍淡，故称青枯病。病茎表皮粗糙，茎中下部增生不定根或不定芽，湿度大时，病茎上可见初为水浸状后变褐色的 1～2 厘米斑块，病茎维管束变为褐色（图 2-11），横切病茎，用手挤压，切面上维管束溢出白色菌液，这是本病与枯萎病、黄萎病相区别的重要特征。常年连作、排水不畅、通风不良、土壤偏酸、钙磷缺乏、管理粗放、田间湿

图 2-10　番茄青枯病病株

图 2-11　番茄青枯病病株茎部维管束
变褐色

度大的田块发病较重。年度间梅雨多、夏秋高温多雨的年份发病重。

青枯病的防治要注意与非茄科作物 4~5 年以上轮作，或采用抗青枯病砧木嫁接育苗，在酸性土壤每亩施入 100~150 千克生石灰以调剂土壤 pH。药剂防治选用 80% 乙蒜素水剂 2000~5000 倍液，或康地雷得可湿性粉剂 300 倍液，或青萎散可湿性粉剂 300 倍液喷雾或灌蔸。每 7 天使用 1 次，连喷 2~3 次。

（五）病毒病

番茄病毒病常见的有花叶、蕨叶、条斑、混合侵染四种类型。其发病率以花叶型为最高，蕨叶型次之，条斑型较少，而为害程度以条斑型、混合型最严重，甚至造成绝收。蕨叶型居中，花叶型较轻。

（1）花叶型。主要有两种症状：一种是叶片上有轻微的花叶或略显斑驳，植株不矮化、叶片不变形，对产量的影响不太明显；另一种有明显的花叶，叶片变得细长、狭窄、扭曲、畸形，植株矮小，落蕾落花严重，果实变小，果实表面呈花脸状，品质差，对产量影响较大（图 2-12）。

（2）蕨叶型。叶片呈黄绿色，并直立上卷，叶背面的叶脉出现淡紫色。

由于叶肉组织退化，从而使叶片扭曲成线状，表现为蕨叶型。同时植株丛生、矮化、细小（图2-13）。

（3）条斑型。叶脉出现坏死条斑或散生黑色油渍状坏死斑，然后顺叶柄蔓延至茎秆，初期表现为暗绿色凹陷的短条纹，后期变为深褐色凹陷的坏死条斑。果实上产生不同形状的褐色斑块，并且这种褐色斑块只发生在表皮组织上（图2-14）。

（4）混合型。症状与上述条斑型相似，但为害果实的症状与条斑型不同。混合型为害果实的斑块小，且不凹陷，条斑型则斑块大，且呈油渍状，褐色凹陷坏死，后期变为枯死斑。田间操作如定植、整枝、打杈、绑蔓等通过摩擦将病株毒源传给健株；蚜虫的迁飞和为害也是重要传播途径。一般低温时，病毒病不表现症状或症状很轻，随气温升高，一般在20℃左右即表现花叶和蕨叶症状。

图2-12　番茄病毒病（花叶型）

图2-13　番茄病毒病（蕨叶型）

图2-14　番茄病毒病（条斑型）

图2-15　番茄脐腐病

番茄病毒病的防治：要严格控制蚜虫、粉虱等虫害；要及时拔除病株，避免田间操作时产生交叉侵染。药剂防治可选用菇类蛋白（仙菇）加壳寡糖（百净）800倍液加上芸苔素和赤霉酸 GA4+7（全树果）再加上有机硅（捷润）喷雾，每4~5天一次，连喷4次，效果非常明显。也可选用0.1%抗毒剂1号水剂300倍液、20%病毒A可湿性粉剂500倍液，或15%植病灵可湿性粉剂1000倍液喷雾，每7天喷1次，连喷2~3次。

（六）脐腐病

番茄脐腐病在幼果期开始发病，发病初期果实顶部（脐部）呈水浸状暗绿色或深灰色，很快变为暗褐色，果肉失水，顶部扁平或凹陷，有的病斑中心有同心轮纹，果皮和果肉柔软，不腐烂（图2-15）。在空气湿度大时病果常被某些真菌寄生而腐烂。此病是由水分供应失调、缺钙、缺硼等原因导致的生理性病害。

番茄脐腐病的防治：要注意浇足定植水，保证花期及结果初期有足够的水分供应。在果实膨大后，应注意适当灌水。地膜覆盖可保持土壤水分相对稳定，能减少土壤中钙质养分淋失。向缺钙土中施石灰或硫酸钙，施用量大约每公顷750千克；避免施过多氮肥，土壤干旱时及时灌水。

采用根外追施钙肥技术，可在番茄结果后1个月内喷洒1%过磷酸钙，或0.5%氯化钙加5毫克/千克萘乙酸、0.1%硝酸钙及爱多收6000倍液，或绿芬威3号1000~1500倍液。从初花期开始，每10~15天1次，连续喷洒2~3次。

二、主要虫害防治

（一）蚜虫

蚜虫的成虫和若虫在瓜叶背面和嫩梢、嫩茎上吸食汁液。嫩叶及生长点被害后，叶片卷缩，生长停滞，甚至全株萎蔫死亡；老叶受害时不卷缩，但提前干枯（图2-16）。

图2-16　番茄蚜虫为害

蚜虫的防治：可选用50%灭蚜松乳油2500倍液，或20%速灭杀丁（杀灭菊酯）乳油2000倍液，或2.5%溴氰菊酯乳油2000~3000倍液，或2.5%功夫乳油（除虫菊酯）3000~4000倍液，或50%抗蚜威可湿性粉剂2000~3000倍液，或20%丁硫克百威1000倍液，或40%菊·马乳油2000~3000倍液，或40%菊杀乳油4000倍液，或毙螨灵1500~2000倍液，或2.4%威力特微乳剂1500~2000倍液，或21%灭杀毙乳油6000倍液，或5%顺式氯氰菊酯乳油1500倍液，或10%蚜虱净可湿性粉剂4000~5000倍液，或15%哒螨灵乳油2500~3500倍液，或20%多灭威2000~2500倍液，或4.5%高效氯氰菊酯3000~3500倍液喷雾，效果较好。

（二）白粉虱

白粉虱成虫和若虫群聚于叶片背面刺吸植物汁液，致使被害叶片褪绿、变黄、萎蔫，严重时全株枯死。此外，由于白粉虱繁殖力强，繁殖速度快，种群数量庞大，在为害的同时，成虫和若虫均能分泌大量蜜露，严重污染叶片和果实，往往引起煤污病的大发生（图2-17）。

图2-17　番茄白粉虱为害

白粉虱的防治：可在发生初期用10%吡虫威400~600倍液，或10%扑虱灵乳油1000倍液，或25%扑虱灵乳油1500倍液喷雾，能杀死卵、若虫、成虫，当虫量较多时可在药液中加入少量拟除虫菊酯类杀虫剂。一般每5~7天1次，连喷2~3次。也可用20%灭多威乳油1000倍液+10%吡虫啉水分散性粉剂2000倍液＋消抗液400倍液，灭多威与吡虫啉混合，利用灭多威速杀性弥补吡虫啉迟效，用吡虫啉药效长弥补灭多威药效短的缺点，加入消抗液进一步提高药效，可杀死各种虫态的白粉虱。每5~7天1次，连喷2~3次，可获得满意效果。

（三）茶黄螨

茶黄螨主要为害番茄幼嫩部位如尚未展叶的嫩芽，其以刺吸式口器吸取植物汁液为害。可为害叶片、新梢、花蕾和果实。番茄受害后，叶片变厚变小变硬，叶反面茶锈色、油渍状，叶缘向背面卷曲，嫩茎呈锈色，梢颈端枯死，花蕾畸形，不能开花。果实受害后，果面黄褐色粗糙，果皮龟裂，种子外落，严重时呈馒头开花状。由于螨体极小，成螨体长约0.2毫米，一般肉眼难以观察识别，所以被害状开始往往容易被误认为是生理病害或病毒病（图2-18）。

图2-18　番茄茶黄螨为害

茶黄螨的防治：可在发生初期选用35%杀螨特乳油1000倍液喷雾，或5%尼索朗乳油2000倍液，或5%卡死克乳油1000~1500倍液，或20%螨克1000~1500倍液，或0.9%爱福丁乳油3500~4000倍液，或15%哒螨灵乳油3000倍液，或5%霸螨灵（唑螨酯）悬浮剂3000倍液，或1.8%阿维菌素乳油4000倍液防治，一般每隔7~10天喷1次，连喷2~3次，喷药重点主要是植株上部嫩叶、嫩茎、花器和嫩果，注意轮换用药。

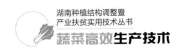
第三章
黄瓜种植技术

刘明月

　　黄瓜又名胡瓜、青瓜，属葫芦科黄瓜属，为一年生蔓生或攀援草本植物，是我国南北种植的主要蔬菜之一，栽培面积及产量居所有蔬菜种植的前列。黄瓜清香可口，且营养成分比较齐全，其幼嫩的果实可供生食、熟食、盐渍或酱腌。黄瓜的连续结果性能好，产量高，耐贮运，而且品种多样，可排开播种，分期收获。黄瓜适合湖南春、夏、秋季种植，由于其属藤蔓作物，且果实生长发育期短，故对镉的富集能力弱，是湖南省重金属污染区农业结构调整的首选作物之一。

第一节　黄瓜对环境条件的要求

一、温度

　　黄瓜喜温暖，不耐寒冷。生育适温为 10~32℃。一般白天 25~32℃，夜间 15~18℃生长最好；最适宜地温为 20~25℃，最低为 15℃左右。最适宜的昼夜温差 10~15℃。黄瓜 35℃光合作用不良，45℃出现高温障碍，低温 −2~0℃被冻死，如果低温炼苗可承受 3℃的低温。黄瓜不同品种对温度的适应能力不同，早熟品种耐低温的能力强；中、晚熟品种耐高温的能力比较强。

二、光照

黄瓜喜光但不耐强光。华北型品种对日照的长短要求不严格，为日照中性植物；华南型品种要求短日照。其光饱和点为5.5万勒克斯，光补偿点为1500勒克斯，多数品种在8~11小时的短日照条件下，生长良好。

三、水分

黄瓜喜湿、怕涝、不耐旱。其叶片大，产量高，需水量大。适宜土壤湿度为60%~90%，幼苗期水分不宜过多，土壤湿度60%~70%；结果期必须供给充足的水分，土壤湿度80%~90%。尤其是在开花结果盛期，若此时供应水分不足或不及时，则大大削弱其连续结果的能力，黄瓜适宜的空气相对湿度为60%~90%，空气相对湿度过大很容易发病，造成减产。

四、土壤及营养

黄瓜为浅根系，喜肥而不耐肥。宜选择富含有机质的肥沃土壤。适宜pH 5.5~7.2的土壤种植，但以pH 6.5最宜。黄瓜生长快，结果早，营养生长和生殖生长几乎同时进行。因此，对养分要求严格。黄瓜对营养的吸收，以钾最多，氮次之；再次是钙、磷、镁等。施肥要求氮、磷、钾三要素合理配合。黄瓜吸肥力弱；对高浓度肥料反应敏感，对有机肥反应良好。因此，黄瓜施肥时，基肥应以有机肥为主；追肥则应采取低浓度而适当增加次数的施肥方法，即"勤施薄施""少吃多餐"，切忌追施高浓度肥料。

第二节　类型与品种

一、类型

（一）华北型

华北型品种主要分布在黄河流域以北。植株生长旺盛，雌花节率受日照长短影响不大；瓜形瘦长（瓜形指数 8 以上）、大棱大刺、刺瘤以白色为多，肉质坚脆，果腔小（图 3-1）；大多较晚熟；抗病性较强。其代表品种有北京大刺瓜、山东新泰密刺、中农 5 号、农大 12 号、农大 14 号、粤秀一号等。

（二）华南型

华南型品种主要分布于长江流域以南。一般植株不很高大，在短日照条件下能正常开花，长日照条件下易形成大量雄花；果实粗而短（瓜形指数 4~6 之间），果面光滑，呈圆柱形，果皮较坚硬，无刺瘤（图 3-2）。较早熟。嫩瓜有绿、绿白、黄白色，味鲜，带甜味，皮薄肉厚，果腔大，水分多，肉质较软。其代表品种有昆明早黄瓜、上海杨行、武汉青鱼胆、广州二青、重庆大白及浏阳、株洲等地的白黄瓜等。

图 3-1　华北型黄瓜　　　　　图 3-2　华南型黄瓜

二、主要品种

1. 津春 4 号

津春 4 号为天津黄瓜研究所育成的华北型黄瓜一代杂种，抗霜霉病、白粉病、枯萎病，主蔓结瓜，较早熟，长势中等，瓜长棒形，瓜长 35 厘米。适宜春、秋露地栽培。

2. 津春 5 号

津春 5 号为天津市农业科学院黄瓜研究所于 1991 年培育的加工与鲜食

黄瓜一代杂种。植株生长势强，有分枝，主侧蔓结瓜能力强。春露地栽培，第一雌花着生在第 5 节左右；秋季栽培，第一雌花着生在第 7 节左右。瓜条长棍棒形，长约 33 厘米，横径约 3 厘米，单瓜重 200~250 克。瓜皮深绿色，刺瘤中等，心室小，口感脆嫩，商品性好，品质佳。早熟性好。每亩产量达 4000~5000 千克。抗霜霉病、白粉病、枯萎病。

3. 津优 48 号

津优 48 号为天津科润农业科技股份有限公司黄瓜研究所选育的鲜食黄瓜一代杂种。植株生长势中等，叶深绿色。主蔓结瓜为主，春露地栽培第一雌花着生在第 4~5 节。瓜条棒状，顺直，瓜色深绿，有光泽，瓜长 33 厘米左右，瓜把小于瓜长 1/7，口感脆甜，无苦味。单瓜重约 200 克，高抗黄瓜枯萎病、霜霉病、白粉病，抗黄瓜褐斑病，田间表现高抗病毒病，耐早春低温和夏季 36~37℃高温，适合春露地和越夏露地栽培。

4. 津优 40 号

津优 40 号为天津科润农业科技股份有限公司黄瓜研究所选育的鲜食黄瓜一代杂种。以高代稳定自交系母本 B8231 和父本 48 杂交而成。该一代杂种生长势强，瓜的商品性好，畸形瓜率低，耐高温。果肉淡绿色，质脆，味甜；抗霜霉病、白粉病和枯萎病，适合露地栽培。

5. 早青 1 号

早青 1 号为广东农科院经济作物研究所育成的一代杂种。植株生长势中等，主蔓结瓜为主，第一雌花着生在第 4~5 节，早熟。果实短圆形，长 18~20 厘米，单果重 150~200 克，果色深绿，有光泽，质脆，品质优良，每亩产量 2000~2500 千克。抗霜霉病，不抗白粉病，耐寒性强，适宜春季早熟栽培。

6. 津研 4 号

津研 4 号为天津市蔬菜研究所育成。生长势旺，分枝性弱。叶心脏状五角形，绿色。以主蔓结瓜为主，第一雌花着生在主蔓第 5~7 节上。果实长棒形，商品瓜长约 35 厘米，横径约 5 厘米，有较长果柄，单瓜重 300 克

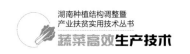

左右。瓜形上下均匀一致，皮青绿色，有大棱大刺，刺白。肉质松脆，汁多，味微甜，耐贮运，宜凉拌或炒食。中熟，夏、秋栽培播种至初收约50天。耐高温干旱，不耐寒，抗枯萎病、霜霉病、白粉病能力强。亩产约2000千克。

7. 露地 2 号

露地 2 号为辽宁省农业科学院园艺所选育的一代杂种。植株长势强，茎粗，叶片绿色，侧枝 3~4 个，以主蔓结瓜为主，第一雌花着生在第 5~7 节，雌花间隔 2~3 节。瓜条顺直，呈长棒形，长 35~40 厘米，横径 3.5~4 厘米，单瓜重 150~250 克，种子千粒重 25 克。瓜皮绿色，有瘤刺，刺白色而密，瓜皮薄、果肉白色、质脆、味甜、清香，品质好。中早熟。每亩产量约 5000 千克。耐热性强，抗霜霉病和枯萎病。

8. 夏青 2 号

夏青 2 号为广东省农科院经济作物研究所育成的一代杂种。植株生长势强，分枝少，主蔓结瓜为主，第一雌花着生在第 4~5 节，早熟，果实短圆形，长约 20 厘米，单果重 150~200 克，果色深绿，有果粉，肉厚质脆，品质优良。每亩产量 1500~2000 千克。抗霜霉病，耐炭疽病，不抗疫病和病毒病，适宜夏、秋季栽培。

9. 夏青 4 号

夏青 4 号为广东省农科院经济作物研究所育成的一代杂种。植株生长势强，分枝少，叶深绿色，瓜短圆筒形，头尾匀称。瓜长 21~23 厘米，横径约 4.4 厘米，肉厚约 1.3 厘米，单瓜重约 200 克，瓜色翠绿，有光泽，白刺，稀疏，瘤不明显，畸形瓜率低，肉质脆、甜，品质好。早熟，从播种到始收 33~35 天，全生育期 60~65 天。耐热，抗白粉病、炭疽病、细菌性角斑病和枯萎病，耐疫病和霜霉病等。每亩产量为 2000~3000 千克。适宜夏、秋季栽培。

10. 夏丰 1 号

夏丰 1 号为辽宁省大连市农科所 1974 年从引进的津研 4 号黄瓜中经过

多年系统选育而成。植株生长势强，一般不分枝，叶深绿色，第一雌花着生在第4~5节，雌花节率31.3%~44.1%，每亩产量为3800~4500千克，最高产可达9000千克。不耐寒，较耐热，耐涝，抗霜霉病、白粉病，较抗枯萎病。

11. 蔬研10号

蔬研10号为湖南省蔬菜研究所育成的中早熟黄瓜品种，植株生长势旺盛，叶色浓绿，主蔓结瓜为主，第一雌花着生在第4~6节，瓜条长棒形，长30~36厘米，单瓜重约250克。瓜条顺直，果皮深绿色，瘤明显，密生白刺，果肉脆甜无苦味。

12. 蔬研白绿

蔬研白绿为湖南省蔬菜研究所育成的极早熟黄瓜品种，植株生长旺盛，强雌性，第一雌花着生在第3~4节，以后几乎每节有瓜，前期产量高，连续坐果能力强，瓜浅绿白色，圆筒形，长20~25厘米，单瓜重约250克，无瓜把，瓜条直，商品性好，口感好，腔小肉厚，货架期长。

13. 株洲白黄瓜

株洲白黄瓜为株洲地方品种，早熟，第5~6片叶下着生第一雌花，果棍棒形，果皮微绿白色，光滑艳亮，坐果多且整齐一致，瓜长30~50厘米，横径6~8厘米，单瓜重500克，生育期120天左右，亩产3000~5000千克。

14. 湘园1号

湘园1号为湖南湘研种业股份有限公司选育的早熟白黄瓜品种。植株分枝较弱，雌花节率高，极早熟，瓜条匀称，瓜皮白色或绿白色，品质好，抗逆性强，一般亩产4000~5000千克。

15. 康蜜水果黄瓜

康蜜水果黄瓜为湖南湘研种业股份有限公司选育的水果型黄瓜品种。极早熟，全雌性，主蔓及分枝均分化雌花，单性结实；瓜呈短棒形，长约13厘米，粗约3厘米，单瓜重130克左右；瓜表皮翠绿，较光亮，肉质脆

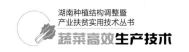

嫩，微甜，瓜有清香，品质优；以嫩瓜供应高档市场，收益好。每亩产量2500~3000千克。

16. 萨瑞格水果黄瓜

萨瑞格水果黄瓜为以色列海泽拉种子公司生产，重庆姜毅种子销售有限公司经销。杂交种子，极早熟全雌性小黄瓜，果实暗绿色，有光泽，果长13~16厘米，产量高，品质优；抗瓜类白粉病，黄瓜叶脉黄化病毒，小西葫芦黄化病毒。

第三节 栽培技术

一、露地春黄瓜栽培

（一）品种选择

春季露地栽培应选择耐寒、早熟、商品性状好、丰产、抗病性强的品种。目前适于湖南省春季露地栽培的主要黄瓜品种有津春4号、津春5号、津优40号、津优48号、早青1号、蔬研10号、株洲白黄瓜、湘园1号、蔬研白绿、康蜜水果黄瓜、萨瑞格水果黄瓜等。

（二）培育壮苗

1. 种子处理

采用温汤浸种对种子表面进行消毒处理。将干种子放入55~60℃的温水中处理10分钟，使温度降至28~30℃时，浸种2~3小时，淘洗干净后用2~3层湿纱布裹住催芽。适宜的催芽温度为28~30℃，经12~18小时种子露白即可播种。

2. 播种

露地春黄瓜的适宜播种期一般在3月中旬，每亩用种量一般为100克左右。采用大棚冷床育苗，将32孔穴盘装好基质后整齐置于苗床上，浇足底水，然后打孔播种，每孔播种1粒，盖好基质后随即覆盖地膜，再加盖小拱棚保温保湿。

3. 苗床管理

从播种到出苗前，维持床温 25℃左右，可促进幼苗种子尽快拱土，提高发芽率和整齐度。当 50% 幼苗拱土，及时揭开地膜。子叶展开至破心期间苗床应适当通风、降温、降湿，防止温度过高形成徒长苗，湿度过大诱发猝倒病、立枯病等。当幼苗长出第 2 片真叶时，尽可能让小苗接受阳光照射，适当降低气温。要注意尽可能地延长光照时间。在播种前浇透底水的前提下，苗期原则上不必浇水。保持床温 15~20℃，气温 20~25℃，做到尽量降低基质湿度，基质不现白不浇水，促使幼苗根系下扎，同时防止猝倒病发生。待幼苗子叶充分展开破心时，加强肥水管理，以干湿交替为原则，促进地上部真叶生长。白天床温 15℃以上时揭开小拱棚，夜晚盖上保温。待幼苗长至二叶一心时准备移栽。

（三）整地施肥

黄瓜忌连作，应选择疏松、肥沃、排灌便利、最好是 3 年未种过瓜类作物的地块种植。冬闲地应于入冬前先行冬耕与晒垡，翌年土壤化冻后，每亩撒施腐熟优质有机肥 3000 千克或饼肥 100~150 千克，或商品有机肥 400 千克、复合肥 50 千克、钙镁磷肥 50 千克后再行旋耕。南方地区降雨多，多做高畦便于排水，畦宽 100 厘米、畦高 25 厘米、沟宽 50 厘米。有条件的整地后每畦铺设滴灌管一条，随即覆盖无色透明地膜。

（四）适时定植，合理密植

宜选择清明后的晴好天气定植。长江中下游地区阴雨天较多，定植不宜过密，一般行株距为 60 厘米 × 35 厘米，每亩栽植 2500 株左右。定植深度以土坨与畦面相平即可。定植后立即浇压蔸水，随即用泥土封闭定植孔。

（五）田间管理

1. 搭架与整枝

露地黄瓜搭架宜采用人字架，在植株旁插一根长 2.5 米的竹竿，将相对的两根竹竿顶端交叉扎成一组成"人"字，一排相连成篱形。蔓长 0.4 米左

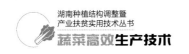

右时引蔓上架，然后每隔3~4节绑一次蔓，同时打杈，抹除卷须，摘除老叶病叶。

2. 肥水管理

春黄瓜定植后如遇土壤干旱时应浇缓苗水。高畦栽培而降雨量大时，缓苗后应加强清沟排水，防止畦面和畦沟积水。如果土壤过湿则影响地温，降低土壤中空气容量，从而影响根系发育。黄瓜肥水管理原则：采一次果追一次肥，轻浇勤浇，淡水淡肥。到收获黄瓜前后，蔓上有瓜不易疯秧，应开始追肥灌水，以促蔓叶与花果的生长，保持蔓叶、根系的更新复壮。铺设有滴灌管的最好用黄瓜专用冲施肥随滴灌水肥一体化追以肥水。

3. 及时采摘

露地春黄瓜于5月上中旬就可始收。因黄瓜果实生长发育快，瓜条密，更应及时采摘，以保证后续果实的发育。采收标准：菜用黄瓜带刺瘤且花蒂未脱落；水果黄瓜果长16~18厘米花蒂未脱落；一般隔一天采收一次。菜用黄瓜6月中旬罢园，水果黄瓜7月上旬罢园。

二、露地夏秋黄瓜栽培要点

（一）注意品种选择

夏秋露地栽培应选择耐高温、耐强光、耐涝、抗病高产且对日照长度不敏感的品种，如津春4号、津研4号、津优48号、夏丰1号、露地2号、夏青2号、夏青4号等。其适应性广，抗病性和耐热性强，在长日照条件下易形成雌花。

（二）适时播种育苗

夏黄瓜一般在6~7月直播，每亩用种量150克左右；秋黄瓜一般在8月上旬播种育苗为宜。每亩用种量100克，采用干籽直播，先将32孔穴盘装好基质后放入浅水营养池中，浇足底水，然后打孔播种，每穴播种1粒，盖好基质后随即覆盖遮阳网保湿。2~3天幼苗开始拱土即揭开遮阳网，秧苗在育苗基质中扎根生长，并能从基质和营养液中吸收水分和养分。待幼苗长至二叶一心时移栽，苗龄 12~15 天。

（三）整地施肥

参照春季露地栽培执行，注意菜饼等有机肥要先发酵后施用，畦面改用银黑双色地膜覆盖。

（四）肥水管理

要大水淡肥管理，经常保持畦沟湿润，增加土壤和空气湿度，降低土壤温度。

（五）及早预防病虫害

夏秋高温干燥，病毒病、蚜虫、白粉虱、红蜘蛛、瓜绢螟为害猖獗，要及早预防，防止全田暴发。

第四节　病虫害防治

一、主要病害防治

（一）苗期猝倒病

发病症状：子叶期幼苗最易染病。初染病时在茎下部靠近地面处出现水浸状病斑，很快变成黄褐色，当病斑蔓延到整个茎的周围时，茎基部变细线状，常常是子叶还未凋落，苗子就出现成片倒伏而死亡。

猝倒病是由瓜果腐霉菌侵染引起的真菌性病害。病菌生长的适宜地温是 15~16℃，温度高于 30℃受到抑制。适宜发病的地温为 10℃。育苗期出现低温、高湿时易发病。黄瓜猝倒病菌可在有机质多的土壤中或病残体上营腐生生活，并可成活多年，它是猝倒病发生的主要侵染源。病菌靠土壤中水分的流动、农具及带菌的堆肥等传播蔓延。黄瓜子叶期最易发病。子叶期胚中养分已耗尽，真叶还未长出，新根未扎实，胚轴还未木栓化，此时遇不良天气，最易感染病害。特别是育苗设施内通风不良，阴、雨、雪天又不得不透明覆盖，使幼苗养分消耗过多，生长弱，幼苗过于幼嫩时，更易发生猝倒病。苗床灌水后最易积水或棚顶滴水，积水处或棚顶滴水处常最先发病。3片真叶后发病较少。猝倒病是冬春季黄瓜育苗期易发生的病害。

防治措施：①改善和改进育苗条件和方法，采用穴盘基质育苗，加强苗期温湿度管理，预防猝倒病的发生。②药剂喷洒与浇灌防治：苗床未发病前应用多菌灵、百菌清等药剂进行预防。发病初期可喷洒25%甲霜灵800倍液、72%普力克400倍液、64%杀毒矾500倍液、40%乙磷铝200倍液、25%瑞毒铜1200倍液、多菌灵500倍液、75%百菌清600倍液等药剂，或直接用药液浇灌。

（二）细菌角斑病

发病症状：幼苗和成株期均可受害，但以成株期叶片受害为主。主要为害叶片、叶柄、卷须和果实，有时也侵染茎。子叶发病，初呈水浸状近圆形凹陷斑，后微带黄褐色干枯；成株期叶片发病，初为鲜绿色水浸状斑，渐变淡褐色，病斑受叶脉限制呈多角形，灰褐或黄褐色，湿度大时叶

图3-3　黄瓜细菌角斑病

背溢出乳白色浑浊水珠状菌脓，干后具白痕，后期干燥时病斑中央干枯脱落成孔（图3-3）。

药剂防治：20%龙克菌（噻菌铜）100克，对水50千克喷雾或14%络氨铜水剂300倍液，或50%甲霜铜（瑞毒铜）可湿性粉剂600倍液，或2%春雷霉素（开斯明、春日霉素、克死霉）水剂400~750倍液，或77%可杀得可湿性微粒剂400倍液，或40%细菌灵（ct）1片加水2.5升，或70%百菌通500~600倍液，或新植霉素4000倍液，或47%加瑞农500倍液，或50%琥胶肥酸铜可湿性粉剂500倍液喷施。

（三）霜霉病

发病症状：成株期发病，叶片上初现浅绿色水浸斑，扩大后受叶脉限制，

呈多角形（图3-4），黄绿色转淡褐色，后期病斑汇合成片，全叶干枯，由叶缘向上卷缩，潮湿时叶背面病斑上生出灰黑色霉层，严重时全株叶片枯死。

图3-4　黄瓜霜霉病

药剂防治：80%大生可湿性粉剂、58%代森锰锌可湿性粉剂、72.2%普力克、50%安克、53%雷多米尔、60%灭克可湿性粉剂、52.5%抑快净水分散粒剂、72%霜疫清可湿性粉剂、75%百菌清可湿性粉剂、50%甲霜灵铜可湿性粉剂、72%杜邦克露可湿性粉剂、25%烯肟菌酯乳油、25%阿米西达悬乳剂、69%安克锰锌可湿性粉剂，按使用说明书兑水喷雾防治。

（四）疫病

发病症状：叶片被害产生暗绿色水浸状病斑，逐渐扩大形成近圆形的大病斑。瓜条被害，产生暗绿色、水浸状近圆形凹陷斑，后期病部长出稀疏灰白色霉层，病瓜皱缩，软腐，有腥臭味（图3-5）。

图3-5　黄瓜疫病

药剂防治：防治露地黄瓜疫病的关键是从雨季到来前一周开始喷药，每7天1次，连喷3次，可选用的药剂有64%杀毒矾可湿性粉剂600倍液，25%甲霜灵可湿性粉剂1000倍液，叶霉杀星可湿性粉剂1200~1600倍液，50%甲霜铜可湿性粉剂600倍液等，实践表明在发病前用70%代森锰锌可湿性粉剂500倍液或1∶0.8∶200倍的波尔多液喷雾保护，防治效果很好。

（五）枯萎病

发病症状：成株发病时，初期受害植株表现为部分叶片或植株的一侧叶片，中午萎蔫下垂，似缺水状，但早晚恢复，数天后不能再恢复而萎蔫枯死。主蔓茎基部纵裂，撕开根茎病部，维管束变黄褐色至黑褐色并向上延伸。潮湿时，茎基部半边茎皮纵裂，常有树脂状胶质溢出，上有粉红色霉状物，最后病部变成丝麻状（图3-6，图3-7）。

图3-6　黄瓜枯萎病病株　　　　　　　图3-7　黄瓜枯萎病根部

防治措施：①黄瓜收获后及时清除病残体，集中烧毁或深埋，同时喷洒消毒药剂对土壤进行消毒，并配合喷施新高脂膜增强药效，大大提高药剂有效成分利用率。②选用无病基质穴盘育苗。③与非瓜类作物实行5年以上的轮作，并在播种前用新高脂膜拌种能驱避地下病虫，隔离病毒感染，提高种子发芽率。④嫁接防病。利用黑籽南瓜对尖镰孢菌黄瓜专化型免疫的特点，以黑籽南瓜为砧木，以黄瓜品种为接穗，进行嫁接育苗，可有效地防治枯萎病，这是生产上防治枯萎病的最有效方法。⑤药剂防治：在定植时或定植后和预期病害常发期前，将甲霜·噁霉灵按600倍液稀释，进行灌根，每7天用药1次，用药次数视病情而定。

（六）病毒病

发病症状：高温干燥季节易发生，主要为害叶和瓜。苗期、成株期均能发生。幼苗期发病子叶变黄枯萎，幼叶浓绿与淡绿相间呈花叶状。成株期发病植株矮小，节间短而粗，叶片明显皱缩增厚，新叶呈黄绿相间花叶，病叶严重时反卷，病株下部老叶逐渐枯黄。瓜条发病后停止生长，表面呈深浅绿相间的花斑，严重时瓜表面凹凸不平或畸形。发病重的植株，节间缩短，簇生小叶，不结瓜，导致萎缩枯死（图3-8，图3-9）。

图3-8　黄瓜病毒病叶片

图3-9　黄瓜病毒病果实

防治措施：①以预防为主，防治好白粉虱、蚜虫、红蜘蛛、瓜绢螟，铲除病毒病传播媒介。② 药剂防治：夏秋黄瓜从苗期开始每隔10天喷盐酸马啉呱或宁南霉素预防。

（七）白粉病

发病症状：高温干燥季节易发生，以叶片受害最重，其次是叶柄和茎，一般不为害果实。发病初期，叶片正面或背面产生白色近圆形的小粉斑，逐渐扩大成边缘不明显的大片白粉区，布满叶面，好像撒了层白粉（图3-10）。

图3-10　黄瓜白粉病

药剂防治：用禾瑞丰源乙嘧酚磺酸酯或白粉尽或杜邦福星800倍液喷雾防治。

二、主要虫害防治

（一）蚜虫

蚜虫俗称腻虫或蜜虫，常群生密布于叶背，吸食植物汁液，为植物大害虫（图3-11）。不仅阻碍植物生长，形成虫瘿，传布病毒，而且造成花、叶、芽畸形。其繁殖力很强，一年能繁殖10~30个世代，世代重叠现象突出。雌性蚜虫一生下来就能够生育。而且蚜虫不需要雄性就可以怀孕（即孤雌繁殖）。

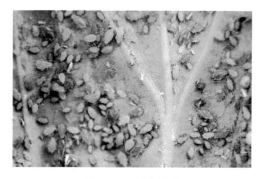

图 3-11　蚜虫为害

防治方法：①花椒水、辣椒水喷雾防治。取一定量的干辣椒或花椒，放沸水中煮至水变色，等水凉后，把杂质取出，然后把辣椒（花椒）水喷洒于受害的植物上，效果比较明显。②黏虫板物理防治。利用蚜虫对黄色的正趋性，在田间悬挂黄色黏虫板捕杀。③化学防治。用吡虫啉喷雾防治。

（二）黄守瓜

黄守瓜属叶甲科守瓜属的一种昆虫。体长卵形，后部略膨大。体长6~8毫米。成虫体橙黄或橙红色，有时较深。上唇或多或少栗黑色。腹面后胸和腹部黑色，尾节大部分橙黄色（图3-12）。成虫喜食嫩瓜叶和花瓣，还可为害黄瓜幼苗皮层，咬断嫩茎和食害幼果。叶片被食后形成圆形缺刻，影响光合作用，瓜苗被害后，常带来毁灭性灾害。

图 3-12　黄守瓜为害

防治方法：用1500倍液的敌敌畏或800倍液的辛硫磷或30倍液的烟筋（梗）浸泡液，用低压喷灌根部周围以杀灭幼虫；成虫盛发期，喷90%敌百虫1000倍液2~3次。

（三）白粉虱

白粉虱又名小白蛾子（图3-13），属半翅目粉虱科，是一种世界性害虫。

白粉虱对作物及花卉蔬菜的为害是多方面的。①直接为害。连续吸吮使植物生长缺乏碳水化合物，产量降低。②注射毒素。吸食汁液时把毒素注入植物中。③引发霉菌。其分泌的蜜露适于霉菌生长，污染叶片与果实。④影响产品质量。真菌导致一般果实变黑。

图 3-13　白粉虱为害

⑤传播病毒病。白粉虱是各种作物病毒病的介体。

防治方法：①黏虫板物理防治。在田间悬挂黄色黏虫板捕杀。②化学防治。白粉虱繁殖能力强，抗药性强，且世代重叠严重，防治难度大。既要杀成虫，又要杀卵，双管齐下才能收到好的防治效果。推荐药剂：白粉虱特效配方（北美农大）、精品型白粉虱 1+1 杀灭剂（郑州红象）、加强型白粉虱杀灭剂（啶虫脒）（郑州红象），噻虫吡蚜酮加啶虫脒、联苯菊酯或呋虫胺加啶虫脒。使用浓度与方法参照说明书。

（四）瓜绢螟

瓜绢螟，又名瓜螟、瓜野螟，为鳞翅目螟蛾科绢野螟属的一种昆虫（图 3-14），它是丝瓜、冬瓜、苦瓜、黄瓜、南瓜等作物上的主要害虫之一，主要为害葫芦科各种瓜类蔬菜。幼龄幼虫在瓜类的叶背取食叶肉，使叶片呈灰白斑，3 龄后吐丝将叶或嫩梢缀

图 3-14　瓜绢螟为害

合，匿居其中取食，使叶片穿孔或缺刻，严重时仅剩叶脉，直至蛀入果实和茎蔓为害，严重影响瓜果产量和质量。昼伏夜出，具弱趋光性。

防治措施：做好虫情预报，在瓜绢螟卵孵化始盛期，最迟到 3 龄幼虫高

峰期及时喷药。可用 20% 虫酰肼悬浮剂 1000~2000 倍液，或 5% 甲氨基阿维菌素乳油 3000 倍液，或 2% 阿维菌素 1000 倍液，或 5% 氯氟氰菊酯乳油 800 倍液，或 10% 灭多威 800 倍液，或丁纳（一桶水 40 毫升），或卷卷透（一桶水 35 毫升）等均匀喷雾。傍晚使用效果好。

（五）红蜘蛛

红蜘蛛又名棉红蜘蛛，俗称大蜘蛛、大龙、砂龙等，学名叶螨，我国的种类以朱砂叶螨为主，属蛛形纲、蜱螨目、叶螨科（图 3-15）。分布广泛，食性杂，可为害 110 多种植物。红蜘蛛主要以卵或受精雌成螨在植物枝干裂缝、落叶以及根际周围浅土层土缝等处越冬。第二

图 3-15　红蜘蛛为害

年春天气温回升，植物开始发芽生长时，越冬雌成螨开始活动为害。展叶以后转到叶片上为害，先在叶片背面主脉两侧为害，从若干个小群逐渐遍布整个叶片。发生量大时，在植株表面拉丝爬行，借风传播。一般情况下，在 5 月中旬达到盛发期，7~8 月是全年的发生高峰期，尤以 6 月下旬到 7 月上旬为害最为严重。常使全树叶片枯黄泛白。该螨完成一代需要 10~15 天，既可营两性生殖，又可营孤雌生殖。

药剂防治：10.5% 阿维哒螨灵 1000~1500 倍液进行叶面喷雾或 22% 阿维螺螨酯 1000~15000 倍液进行叶面喷雾或 5% 阿维菌素 +20% 甲氰菊酯 1000~1500 倍液叶面喷雾。

胡新军

第一节　苦瓜对环境条件的要求

一、温度

苦瓜是喜温性的蔬菜，对高温耐性比较强，而耐低温性较差。苦瓜种子发芽的适宜温度为 30~35℃，低于 20℃发芽缓慢，低于 13℃则难以发芽。植株生长发育的适宜温度 20~30℃，能耐 35℃以上的高温。幼苗能耐 10℃的低温。苗期在 15℃以下低温、12 小时以下光照条件下能提早结瓜。

二、光照

苦瓜属于短日照植物，喜光不耐荫。春播苦瓜，常遇到低温阴雨，光照不足条件，使幼苗徒长，叶色发黄，茎蔓细弱。开花结果期需要较强的光照，充足的光照有利于光合作用，以及有机养分的积累，提高坐果率，增加产量，提高品质。

三、水分

苦瓜喜湿而怕雨涝，在生长期间要求有 70%~80% 的空气相对湿度和土壤相对湿度。如遇较长时间的阴雨连绵天气，或暴雨成灾排水不良时，植株生长不良，极易发生沤根死苗和感病烂瓜。

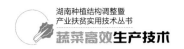

四、土壤及营养

苦瓜对土壤的要求不太严格，适应性较广，南北各地均可栽培。在肥沃疏松、保土保肥力强的土壤上生长良好，产量高。苦瓜对肥料要求较高，如果有机肥充足，植株生长粗壮，茎叶繁茂，开花结果多，品质好；若肥水不足，特别是生长后期，则植株衰弱，叶色黄绿，花果少，果实细小，苦味增浓，品质下降。因此需及时追肥，特别在结果盛期要求有充足的氮磷肥。

第二节　类型与品种

一、类型

我国南方地区苦瓜品种资源丰富，且近年来育成新品种较多。苦瓜依果皮颜色可分为绿皮种和白皮种；依果面瘤状突起可分为珍珠状突起、肋条状突起、珍珠间肋条状突起三种；依果形可分为长纺锤形、短纺锤形、长圆筒形、橄榄形、长球形、长条形、平肩形或尖顶形；依果形大小可分为大果型和小果型。长江流域栽培多为珍珠状突起、珍珠间肋条状突起两种类型，华南栽培多为肋条状突起类型。

二、品种

1.蓝山大白苦瓜

蓝山大白苦瓜为湖南省蓝山县地方品种（图4-1）。早熟，植株生长势中等，从定植到采收约60天。果实长圆筒形，果面瘤状突起明显，色泽乳白，长30~50厘米，宽6~8厘米，单瓜重0.5~1千克，苦味重。亩产3000千克左右，适于长江中下游地区春、秋保护地和露地栽培。

图4-1　蓝山大白苦瓜

2. 兴蔬春华

兴蔬春华为湖南省蔬菜研究所选育（图4-2）。早熟，第一雌花节位在第6~8节，植株生长势中等，主蔓结瓜为主，节成性好，果实圆筒形，珍珠状瘤，白绿色，瓜长28~30厘米，宽5.5厘米左右，肉厚0.9厘米，单瓜重约0.5千克，味稍苦，适于长江中下游地区春、秋保护地和露地栽培。

3. 雅强苦瓜

雅强苦瓜为厦门中田金品种苗有限公司选育（图4-3）。中早熟品种，杂交一代，植株生长强健，抗性好。果实白绿色，短棒形，果面有珍珠瘤，果形圆整饱满，果皮特别亮，外观优美，商品率高。瓜长30~32厘米，横径7~8厘米，适收时单瓜重0.5~0.8千克，肉质脆嫩，苦味适中，品质超群。适合长江以南喜白绿色苦瓜地区春、夏、秋种植。

4. 奇胜105

奇胜105为福州田美种苗科技有限公司选育（图4-4）。奇胜105为中早熟品种，蔓生，主蔓第一雌花着生于第13~18节，植株生长强健，抗病性强，耐低温性好，雌花率高，连续坐果、连续采收能力强，春季栽培从开花到商品瓜成熟15~18天。果皮白绿色，有光泽，棒状，果肩平，珍珠间肋条状瘤，商品外观美，耐贮运。坐果后，果实膨大迅速，适时采收。瓜长28~32厘米、瓜径7~8厘米、肉厚约1.3厘米、单果重0.6~0.8千克。肉质脆嫩，苦味适中，品质佳。

图4-2 兴蔬春华　　　　　图4-3 雅强苦瓜　　　　　图4-4 奇胜105

5. 新翠苦瓜

新翠苦瓜为福建省农业科学院农业生物资源研究所选育的苦瓜新品种（图4-5），2010年3月通过福建省认定。植株生长势强，分枝旺盛，主蔓第一雌花着生于第9~13节，商品瓜呈平顶棒状，瓜长28~34厘米，横径6~7厘米，肉厚约1.1厘米，瓜皮为淡绿色、珍珠状瘤，单瓜重350~450克。肉质脆嫩，苦味中等，回味甘甜，品质优良。

6. 闽研3号

闽研3号为福建省农业科学院作物研究所选育的苦瓜新品种（图4-6），2013年4月通过福建省认定。植株生长势旺盛，分枝能力强，第一雌花着生于第14~17节，主蔓35节以内一般有雌花8~10朵，坐果能力强，瓜呈长纺锤状，长28~37厘米，横径6~7厘米，肉厚0.8~1.1厘米，单瓜重0.5千克左右，瓜皮绿色有光泽，棱平滑间断，珍珠状瘤。肉质甘脆微苦，品质好，耐热。

7. 永华苦瓜

永华苦瓜为新型特色大苦瓜（图4-7）。中早熟，植株蔓生，生长势强，果实粗长形，适收时果长30~35厘米、横径约9厘米，单果重0.7~0.8千克，果肉厚约1.5厘米，皮色翠绿，果面亮丽，果面粗肋条间有粗瘤，果形丰满，肉质细脆，风味独特，结果力强，产量高，采收期长。

图4-5　新翠苦瓜　　　　图4-6　闽研3号　　　　图4-7　永华苦瓜

8. 台湾翡翠苦瓜

台湾翡翠苦瓜瓜蔓生长粗壮，早熟性好，分枝强，挂果多，耐寒，耐热，适应性广，瓜长棒形，长 28~30 厘米，横径 7~10 厘米，单瓜重 0.5~1 千克，皮色油绿具有光泽，肋条瘤，肉厚，品质优，商品性好，耐贮运，亩产 4000~5000 千克（图 4-8）。

9. 长绿 2 号苦瓜

长绿 2 号苦瓜为广东省农业科学院蔬菜研究所选育的杂交一代苦瓜新品种（图 4-9）。植株生长势和分枝性强，从播种至始收春季 75 天、秋季 51 天，延续采收期春季 33 天、秋季 36 天，全生育期春季 108 天、秋季 87 天。第一雌花着生于第 15.6~19.4 节，第一个瓜坐果节位在第 17.1~22.5 节。瓜长圆锥形，瓜皮绿色，条瘤。瓜长 23.6~24.8 厘米，横径 5.89~6.02 厘米，肉厚 1.01~1.02 厘米。单瓜重 308.5~353.8 克，单株产量 1.39~2.12 千克，品质好。抗病性接种鉴定为抗白粉病、感枯萎病。田间表现耐热性和耐旱性强，耐涝性中等。

10. 丰绿 3 号苦瓜

丰绿 3 号苦瓜为广东省农业科学院蔬菜研究所选育的油绿类苦瓜杂交一代品种（图 4-10）。从播种至始收春季 76 天、秋季 54 天，丰产性好，品质良，高感枯萎病。适宜湖南省苦瓜产区春、秋季种植。栽培上要特别注意防治枯萎病。

图 4-8 台湾翡翠苦瓜　　图 4-9 长绿 2 号苦瓜　　图 4-10 丰绿 3 号苦瓜

第三节　栽培技术

一、培育壮苗

（一）播种期

各地气候条件不同，其栽培方式和适宜播种期有一定差异，长江中下游地区适宜播种期如表4-1所示。

表4-1　　　　长江中下游地区苦瓜不同栽培方式的适宜播种期

栽培方式	播种期	定植期
春季大棚早熟栽培	1月下旬至2月上旬	2月下旬至3月上旬
春季小棚栽培	2月下旬至3月上旬	3月上旬至4月上旬
春露地栽培	3月中下旬	4月上旬
夏季栽培	5月上中旬	5月底至6月上旬

（二）育苗技术与苗龄

苦瓜早春育苗时，以穴盘育苗为宜（图4-11）。为增温促齐苗，应在大棚内设置苗床，并铺设电加温线；在夏秋高温季节育苗，应适当遮阴。

1. 营养土

育苗基质可直接购买蔬菜专业育苗基质，也可配制。营养土的配制以有机质含量高、无污染、无病虫来源的原料为原则。取肥沃、疏松、在3年内未种过瓜类的菜园土，经过2~3次翻晒，再施放优质农家肥，充分翻匀后过筛。以6份园土比4份有机肥的比例配制营养土，配制好的营养土最好堆置在育苗棚内，用薄膜覆盖15~20天后使用。

2. 浸种催芽

苦瓜种皮坚硬，浸种前将精选过的种子选晴天晒1天后用清水洗净，倒入 50~55℃温水中保持 10~15 分钟，并不停搅拌至 30℃左右时保持水温 3~4 小时，捞出用湿毛巾包好，置于 30~35℃的恒温箱内催芽，一般 48 小时露芽。

（三）播种

苦瓜种子稍露芽即可播种。苦瓜种子发芽速度不一，应先将发芽种子挑出播种。在利用电热温床育苗，地温较高时，在催芽后不等露芽也可直接播于浇足底水的穴盘内，播种时每穴播 1 粒，种子平放，芽尖向下，而后用营养土和无土基质盖籽 1~1.5 厘米厚，稍浇清水后铺设地膜加小棚覆盖，夜间加盖草帘等保温物。

（四）苗期管理

播种至出苗前，苗床温度白天控制在 30~35℃，夜间不低于 20℃。出苗后，及时揭去地膜，适当降低苗床小棚温度，白天为 25~30℃，夜间为 15~20℃。保持一定的昼夜温差有利于培育壮苗。春季育苗时，随着外界气温的逐步升高，在白天应加大通风量，延长通风时间，定植前 7~10 天进行低温炼苗，白天控制在 25℃左右，夜间为 12~15℃，使幼苗逐渐适应定植后的环境条件。

苦瓜出苗后至定植前一般不再浇肥，在穴盘土壤较干、秧苗出现萎蔫时，可适当浇水，以保持土壤见干见湿为宜。在 2 片真叶期后可用 0.3% 磷酸二氢钾溶液叶面喷施 2~3 次，可以增加叶片厚度，提高幼苗的耐低温能力。

穴盘无土育苗时，应根据幼苗的不同生育期和天气情况定时定量浇水与补肥。在 2 片真叶期后补充营养液，用 0.3%~0.5% 硫酸钾型三元复合肥溶液浇湿，每 7 天一次。

（五）苗龄

苦瓜定植时幼苗苗龄为三叶一心或四叶一心，株高 15~20 厘米，茎粗 0.4~0.5 厘米，节间短，子叶完好，真叶平展略上翘，叶片厚，叶色绿，无病虫害斑，根系发达（图 4-11）。

图 4-11　苦瓜集约化育苗

二、整地施肥

苦瓜对土壤要求并不严格，栽培田块最好为水旱轮作，间隔 2 年以上，并且符合无公害蔬菜对产地环境的要求。作畦之前每亩施足优质腐熟有机肥 4000 千克和三元复合肥 30~40 千克，为苦瓜丰产打下良好的肥料基础。基肥必须与土壤充分混合。春季大棚早熟栽培的，提前 15~20 天盖地膜，增加棚内地温。苦瓜栽培作畦，一般畦高 20~25 厘米，净畦宽 1~1.2 米，畦间走道 50 厘米。

三、定植

苦瓜定植时间应依各地栽培方式与气候条件而定。长江中下游地区大棚早熟栽培的一般于 3 月上中旬定植；春露地栽培的于 4 月中下旬定植。苦瓜多用平畦双行定植，株距 40~50 厘米。定植时不宜太深，以幼苗子叶稍高出畦面 0.5~1 厘米为宜，并浇足定根水。春季大、小棚早熟栽培定植后要及时覆盖小棚。夏、秋栽培苦瓜，可浸种催芽后直播，出苗前保持土壤湿润，有利于早出苗、早齐苗。

四、大田管理

（一）春季大棚早熟栽培（图4-12）

1. 温度管理

苦瓜春季大棚早熟栽培，定植后至缓苗前密闭小棚增温保湿促进缓苗发棵，棚温白天控制在30℃左右，夜间15~20℃，缓苗后逐步通风降温至白天25~30℃，夜间不低于15℃。晴好天气时，对小棚膜早揭晚盖，有利于提高光合效能。随着外界气温的升高，增加大棚通风量，在外界气温升高至20℃左右时拆除小棚，只要温度适宜，可昼夜通风。当外界气温稳定至25℃以上即可揭除大棚膜。

2. 肥水管理

苦瓜喜肥，生长速度快。在施足基肥的条件下，定植缓苗后应追施发棵肥，用20%~30%腐熟粪水浇施或每亩用10~15千克尿素兑水浇施，以后适当控制肥水，防止徒长。开花坐果后，每亩用20~25千克三元复合肥兑水浇施，促进果实生长。以后每间隔15天左右根据植株长势追肥一次，每

图4-12 春季大棚早熟栽培

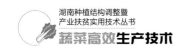

次每亩用15千克三元复合肥兑水浇施,以防止植株早衰,延长采收时间。

苦瓜生长势旺盛,需水量较大,大棚栽培定植浇足定根水后至开花坐果前,以保持土壤见干见湿为宜。土壤湿度不足,应适当补水,一次浇水量不宜太大,以免降低地温,影响根系生长,进入开花坐果期后,要保持土壤湿润,晴天一般4~5天浇水一次,保证植株坐果后有充足的水分,促使果实迅速膨大。但切忌大水漫灌,以免田间积水,引起渍害。

3. 搭架

大棚栽培苦瓜,在拆除小棚后要及时用较粗的竹竿搭成"人"字架,架间距离20~30厘米,也可以在栽培行上面利用大棚骨架牵引一根细钢丝,然后用尼龙绳吊挂引蔓上架。引蔓上架时每隔30~50厘米绑一道蔓。

4. 整枝

苦瓜分枝能力强,侧蔓过多会造成营养生长太旺,消耗过多养分,影响坐果率和商品性。因此在引蔓上架的同时将侧蔓全部摘除,主蔓连续结果时应适当疏果,每隔2~4个节位留1条瓜,同时摘除病残叶、老叶、畸形果,以利于通风透光,减少养分消耗。

5. 人工授粉

春季大棚早熟栽培苦瓜,在开花坐果期需每天上午进行人工辅助授粉。随着温度升高,大棚四周通风口昼夜开放后,通风量增大,昆虫活动增多,即可任其自然授粉。

（二）春季小棚早熟栽培（图4-13）

苦瓜小棚早熟栽培,在生长前期以增温保湿为主,定植后密闭小棚,尽量提高小棚内温度,白天控制在30℃左右,夜间不低于15℃。缓苗结束后在小棚两头应通风降温,并随着外界气温的升高适时加大小棚通风量,尤其在晴天中午前后要防止高温烧苗。当外界气温稳定在22~25℃时,即可拆除小棚,进入常规管理,在拆除小棚前7~10天根据气候情况,对小棚膜早揭晚盖,使其逐步适应外界气候环境。苦瓜小棚早熟栽培时施肥、搭架、整枝与大棚早熟栽培基本相同。但在水分管理方面既要防止干旱,又要防止雨

图 4-13 春季小棚早熟栽培

涝渍害。一般在缓苗期需补浇一次缓苗水，以后直至开花结果前除结合追肥浇水外，应尽量减少浇水次数，有利于根系扎深扩散，增强肥水吸收能力。开花坐果后，必须经常保持土壤湿润，在晴好天气时每隔 3~5 天浇水一次，遇高温干旱天气，可大水进行沟灌，但田间不能积水。连续阴雨天和强降雨后，要及时排出田间积水。

（三）春季苦瓜露地栽培（图 4-14，图 4-15）

1. 肥水

苦瓜露地栽培，应在不同生育期多次追肥，满足其生长势旺盛、生育期长的养分需要。在定植缓苗后追施第 1 次肥料，以 30% 腐熟粪水追施或每亩 10~20 千克尿素兑水浇施，促进茎蔓生长；第 2 次在主蔓叶片数达 12 片左右时，根据植株长势，每亩 15~20 千克三元复合肥兑水浇施，长势强的少施，使植株间生长平衡；第 3 次在坐果后，每亩追施三元复合肥 30 千克左右，以利于坐果和果实迅速膨大。进入采收盛期后，每采收 1~2 次瓜后可结合浇水根据长势适量追施三元复合肥。露地栽培苦瓜，定植后 3~4 天

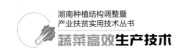

应浇一次缓苗水，以后适当控苗，直至开花坐果前，以见干见湿为宜。进入开花坐果期后，要经常保持田间土壤湿润，为果实生长发育提供充足的水分，但田间不能积水，以免发生病害。

2. 搭架、整枝

当茎蔓长至30厘米左右时搭架，早熟品种搭"人"字架，晚熟品种搭平架，引蔓上架以后间隔30~50厘米绑一道蔓，绑2~3次即可。同时进行整枝，早熟品种以主蔓结瓜为主，只保留极少侧蔓；晚熟品种平架以下的侧蔓全部摘除，选留平架上部强势侧蔓，促使主蔓和上部侧蔓结果，及时摘除弱势无效侧蔓。植株进入生长中后期时，为防止早衰、延长采收时间，应加大整枝力度，摘除中下部病残老叶和无效侧蔓，以利于通风透光。

图 4-14　春季露地平架栽培　　　　图 4-15　春季露地人字架栽培

（四）夏、秋苦瓜露地栽培（图 4-16）

夏、秋苦瓜在南方地区有一定的栽培面积。在栽培前期处于高温季节，植株长势相对较弱，且病虫害发生严重，在生长中后期温度下降，影响果实膨大。因此栽培夏、秋苦瓜必须选择耐热、抗病和生长势强的早中熟品种。定植前施足基肥，深沟高畦，适当密植，以催芽后直播为宜。出苗后轻施10%腐熟粪水作为提苗肥，并在幼苗周围浅松土。2~3片真叶期用20%腐熟粪水浇施，促发棵。5~6片真叶期后用30%腐熟粪水浇施或每亩用15千克尿素兑水浇施，促进茎蔓生长。开花坐果期前因温度较高，浇水应于早晚进行，以轻浇勤浇为宜。开始坐果后，要加大肥水用量，每亩用30千克左右三元复合肥兑水浇施作为坐果肥。在采收盛期，可用20%腐熟粪水浇施，也可用尿素或三元复合肥兑水后浇施，以延长采收期，提高产量。

搭架、整枝后，植株进入旺盛生长期，要经常清除无效弱势侧蔓和病株老叶及田间杂草，有利于增加通风透光量，减少病虫害发生。

图4-16　夏、秋苦瓜露地栽培

五、采收与贮藏

（一）适时采收

苦瓜自开花后12~15天为适宜采收期。采收标准为：苦瓜果实充分长大，果面瘤状突起明显、饱满、花冠干枯脱落，青皮苦瓜色泽光亮；白皮苦瓜前半部色泽由绿转变为白色，色泽光亮。苦瓜采收时留1厘米瓜柄用剪刀剪下。采收应在晴天上午露水干后或傍晚时进行。采收时应轻拿轻放，避免损伤果实瘤面。苦瓜采收初期为3~5天采收一次，盛收期应1~2天收一次或每天采收一次。

（二）包装与贮藏

采收后剔除有机械损伤和病虫害斑的果实，然后依果形大小、色泽分级，整齐排放于硬质纸箱内，每一包装箱重20千克左右，并注明品种、质

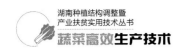

量、重量、产地、生产日期。

苦瓜为不耐贮藏蔬菜类型，以短时间贮藏为主。苦瓜适宜贮藏的温度为13℃。贮藏期间要注意通风换气和保温。堆码时，底层要用木板架空20厘米。每一堆码以25~30箱为宜。堆码之间要保留30~40厘米的通风道。苦瓜对乙烯敏感，贮藏时不宜与其他果蔬混存，并及时检查有无烂果。

采收后的苦瓜必须符合无公害食品苦瓜卫生要求（表4-2）。

表4-2　无公害食品苦瓜的卫生要求

序号	项目	指标（毫克/千克）
1	敌敌畏（dichlorvos）	≤ 1
2	乐果（dimethoate）	≤ 0.2
3	乙酰甲胺磷（acephate）	≤ 0.2
4	氯氰菊酯（cypemethrin）	≤ 0.5
5	氰戊菊酯（fenvalerate）	≤ 0.2
6	抗蚜威（pirimicarb）	≤ 1
7	多菌灵（carbendazim）	≤ 0.5
8	百菌清（chlorothalonil）	≤ 1
9	铅（以 Pb 计）	≤ 0.2
10	镉（以 Cd 计）	≤ 0.05
11	亚硝酸盐（以 $NaNO_2$ 计）	≤ 4

注：根据《中华人民共和国农药管理条例》，剧毒和高毒农药不得在蔬菜生产中使用。

第四节　病虫害防治

一、主要病害防治

（一）猝倒病

1. 发生时期

子叶至 2 片真叶期为感病期，土壤和植株残体上的病原菌，通过灌溉水或雨水传染发病。发病适温为 15~16℃，30℃以上受到抑制。

2. 症状特点

在种子出苗前后，受到该病菌侵染，造成烂种、烂芽；子叶期发病，在茎基部或中部有水渍状黄绿色病斑，后变成黄褐色，并干枯缩成线状倒地枯死，湿度较大时在病斑附近长出棉絮状菌丝。

3. 防治方法

（1）选择无病土育苗，对苗床和床土进行药剂消毒，每平方米用 25% 甲霜灵或 50% 多菌灵 5~8 克加细土 4~5 千克拌匀。施药前，把苗床底水一次性浇足后，取 1/3 药土均匀撒在床面上，播种后将余下的 2/3 药土均匀撒在床面上盖籽。

（2）加强苗床温湿度管理，苗床白天控制在 25~30℃，夜间控制在 15~18℃，播种前浇足底水，出苗至子叶平展期不浇水，以床土表层稍干为宜，如需浇水应在晴天中午前后少量喷洒，其次要及时通风降温，防止出现秧苗徒长。

（3）发病初期拔除病苗，用 72.2% 普力克或 50% 多菌灵 800 倍液灌根，6~7 天灌一次，连续 2~3 次。也可用 25% 甲霜灵可湿性粉剂 600~800 倍液喷施，6~7 天喷一次，连续 2~3 次。

（二）白粉病

1. 发生时期

白粉病为苦瓜常见病害，在苗期、成株期均可发病，以中后期发病较重，主要为害叶片、叶柄和茎。发病适温为 20~25℃，空气湿度大、气温

16~24℃或干湿交替时发病重。

2. 症状特点

发病初期在叶片或嫩茎上出现白色小霉斑，条件适宜时霉斑迅速扩大连片，白粉状物布满全叶，致叶片枯黄。

3. 防治方法

（1）清洁田园，清除田间的病残体、老叶，加强通风除湿，防止空气湿度过大，尤其是在浇水后要加大通风量，迅速降低棚内湿度。

（2）发病初期用百菌清烟熏剂每隔7天烟熏一次，连续2~3次，或用15%粉锈宁可湿性粉剂1500倍液、10%世高水分散颗粒剂1500~2000倍液、50%甲基托布津500倍液、绿享2号600~800倍液交替防治，5~7天喷一次，连喷2~3次。

（三）炭疽病

1. 发生时期

苗期到成株期均可发病，病菌随病残体在土壤中越冬，依靠雨水传播。发病适温为22~27℃，空气相对湿度85%，湿度大发病重。连作、灌排水或通风不畅、植株长势差，容易发病。

2. 症状特点

幼苗期发病在子叶边缘出现半椭圆形淡褐色病斑，稍凹陷。重者幼苗近地面茎基部变黄褐色，逐渐缢缩，致幼苗折倒。成株期叶片病斑为淡灰至红褐色，呈水渍状，严重时叶片干枯，病斑连接，干燥时病斑中部开裂穿孔。主蔓及叶柄上染病，产生水渍黄褐色长圆形病斑，略凹陷，严重时病斑连接，从病部折断。果实发病，初呈现淡绿色近圆形斑，后为黄褐色凹陷斑，湿度大时，产生黄褐色胶流。

3. 防治方法

（1）选用抗病品种，种子用50℃温汤浸种15~20分钟后再浸种1小时催芽播种。

（2）实行轮作，选用无病育苗床土或苗床土壤消毒，地膜覆盖，增施磷、钾肥，加强通风排湿和肥水管理，清除病叶、病果，减少田间操作时的人为传播。

（3）发病初期，用百菌清烟熏剂 10 天左右熏一次，或用 70% 甲基托布津可湿性粉剂 800 倍液、75% 百菌清可湿性粉剂 800 倍液、50% 多菌灵可湿性粉剂 500 倍液交替防治，7~10 天喷一次，连喷 2~3 次。

（四）花叶病毒病

1. 发生时期

春季发病较轻，但是在夏、秋栽培苦瓜时发病较重，对产量有影响。发病适温为 20℃，气温高于 25℃多表现隐性。在高温干旱，蚜虫、白粉虱危害严重时，有利于发病。

2. 症状特点

苗期发病时，子叶变黄，枯萎，幼叶出现深绿与淡绿相间的花叶状。成株发病时，新叶出现黄绿相间的花叶状，病叶小且略皱缩，严重时叶片反卷，下部叶逐渐枯黄。病瓜可见深绿、浅绿相间果色，果面凹凸不平，畸形。发病重的植株节间缩短，簇生小叶，不结瓜，萎缩枯死。

3. 防治方法

（1）选用抗病品种，培育壮苗，加强栽培管理，合理轮作，收获后清除病残株，注意田间操作中手和工具的消毒。

（2）秋季栽培时在全生育期内用 0.3% 磷酸二氢钾溶液或其他叶面肥，每 10 天叶面追肥一次，增强植株抗病性。

（3）发病初期用 20% 病毒 A 或 20% 毒灭星 500~700 倍液，也可用 10% 病毒必克可湿性粉剂 800~1000 倍液交替防治，7 天喷一次，连喷 4~5 次。

二、主要虫害防治

（一）瓜实蝇

1. 为害特点

成虫以产卵管刺入幼果表皮内产卵，幼虫孵化后即钻进瓜内取食。受害瓜先局部变黄，而后全瓜腐烂变臭，大量落瓜。即使不腐烂，刺伤处凝结着

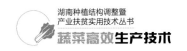
流胶，畸形下陷，果皮硬实，瓜味苦涩，品质下降。瓜实蝇在南方地区对苦瓜为害严重。

2. 防治方法

（1）毒饵诱杀成虫：用香蕉皮或菠萝皮（也可用南瓜、番薯煮熟经发酵）40份，90%美曲磷酯0.5份（或其他农药），香精1份，加水调成糊状毒饵，直接涂在瓜棚篱竹上或装入容器挂于棚下，每亩田20个点，每点放25克，诱杀成虫。

（2）套袋防虫：在瓜实蝇发生严重时，将幼瓜套入纸袋或塑料袋，避免成虫产卵，并及时摘除被害瓜，对烂瓜、落瓜喷药处理后深埋。

（3）药剂防治：在成虫盛发期喷施21%噻虫嗪乳油1000倍液、25%溴氰菊酯3000倍液、50%地蛆灵2000倍液，每3~5天喷一次，连喷2~3次。中午或傍晚时喷药效果较好。

（二）瓜蚜

1. 为害特点

瓜蚜在幼苗叶背、嫩茎、嫩叶上吸食汁液。嫩叶和生长点被害后，叶片呈煤污状，叶片卷缩，瓜苗萎蔫，生长停滞，直至枯死。成株期受害，叶片提前干枯，缩短结瓜期，造成减产。

2. 防治方法

（1）清洁田园，清除田间杂草，消灭越冬虫卵，也可用黄板黏蚜和银灰色地膜避蚜。

（2）在蚜虫为害初期用10%吡虫啉可湿性粉剂2500倍液、0.5%克螨灵可湿性粉剂2500倍液喷施，隔5~6天喷一次，连喷3~4次。要及早防治，在叶背、嫩茎、嫩尖处要集中喷施。

（三）白粉虱

1. 为害特点

冬季温室作物上白粉虱是春季露地栽培的虫源。白粉虱以成虫和若虫群集于叶背面吸食汁液，被害叶片褪绿、变黄、萎蔫，直至全株枯死，由于群集为害，能分泌蜜露，在叶片和果实表面形成煤污病，使苦瓜商品性降低和造成减产。

2.防治方法

（1）在温室大棚通风处设置防虫网和进行黄板诱杀。

（2）合理轮作，秋冬茬种植芹菜、小白菜、大蒜等品种，减少虫源，早春茬苦瓜不与茄果类和豆类混作，以免加重危害。

（3）为害初期用10%吡虫啉可湿性粉剂2500倍液、25%扑虫灵可湿性粉剂1000~2000倍液、25%扑虱灵加溴氰菊酯1000倍液交替防治，7~10天喷一次，连续2~3次；也可用天赐利烟熏剂烟熏，每隔7天一次，连续2~3次。

参考文献

［1］胡新军，粟建文，袁祖华，等.夏秋苦瓜栽培技术［J］.上海蔬菜，2007（1）：34.

［2］李勇奇，胡新军，粟建文，等.长沙地区早春苦瓜播期及栽培模式比较试验［J］.长江蔬菜，2009（22）：52-53.

［3］信国彦.春大棚苦瓜栽培技术［J］.山西农业，2007（12）：33-34.

［4］李明桃，李峰.苦瓜栽培技术与效益［J］.上海蔬菜，2006（3）：43.

［5］王桂丽，赵金来.早春苦瓜栽培技术［J］.蔬菜，2003（6）：32-33.

［6］郭海森，洪霞.苦瓜无公害高产栽培技术［J］.安徽农学通报，2008，14（16）：165-166.

［7］彭智群，王道泽.苦瓜春季高效栽培技术［J］.现代农业科技，2008（14）：44.

5

第五章
丝瓜种植技术

黄科

丝瓜，别名天罗瓜、天丝瓜、水瓜、棱角丝瓜、布瓜、蛮瓜等，属葫芦科丝瓜属，为一年生攀援藤本。食用嫩果，是夏、秋堵淡补缺的蔬菜。成熟果实纤维发达，称"丝瓜络"，有祛湿、除痢疾等药效，还可作洗涤材料，茎液可作化妆品原料。丝瓜适合湖南夏、秋季种植，由于其属藤蔓作物，且果实生长发育期短，故对镉的富集能力弱，是湖南省重金属污染区农业结构调整的首选作物之一。

第一节　丝瓜对环境条件的要求

一、温度

丝瓜起源于高温多雨的热带，喜欢较高温度，为喜温耐热的蔬菜。在高温下生长健壮，茎粗叶大，果实生长快而大。生长适宜的月平均温度为18~24℃，开花结果期要求温度更高，一般适温平均为26~30℃。30℃以上也能正常生长发育。丝瓜幼苗有一定的耐低温能力，在18℃左右时还能正常生长。气温低于15℃时生长缓慢，低于10℃时生长受到抑制，5℃以下时生长不良，低于0℃时则受冻害死亡。种子在30~35℃时发芽最快，但幼芽细弱，最适宜的发芽温度为 28℃，20℃以下时发芽缓慢。

二、光照

丝瓜属于短日照植物，但大多数栽培品种对光照要求已不太严格。但是，在短日照条件下雌花发生较早且较多，开花坐果良好。在长日照条件下雌花发生较晚且少。但不同的品种对日照长短的反应差别较大。一般丝瓜抽蔓期前需要较短的日照和稍高的温度，以利于茎叶生长和雌花的分化，开花坐果期需要较高的温度和较长的日照或较强的光照，以促进营养生长和开花坐果。丝瓜又有一定的耐荫能力，在树荫下也能生长。但一般在晴天、光照充足的条件下有利于丰产优质。连续的阴雨天气或过度的遮阴会严重影响植株的生长、雌花的形成，造成落蕾落花。北方等地区露地栽培丝瓜，在 7~9 月时丝瓜生长健壮，坐果较多，品质也好。

三、水分

丝瓜根系发达，有较强的抗旱能力。但在过于干旱的情况下，果实易老，纤维增加，品质下降。丝瓜又是最耐潮湿的瓜类蔬菜，在雨季即使受到雨涝或一定时间的水淹，也能正常开花和结果。普通丝瓜比棱角丝瓜的耐湿性还要强。

四、土壤及营养

丝瓜对土壤和肥料的要求不甚严格，且适应性广。但以在土壤深厚、含有机质较多、排水良好的肥沃壤土中生长最好。对肥料的要求以氮肥为主，配合施入磷钾肥，有利于高产和优质。适宜的土壤 pH 值为 6.0~6.5。

第二节　类型与品种

一、类型

普通丝瓜按果实形状可分为三类：

（1）长圆柱类型。果实长棒形，长 50 厘米以上，横径 4~6 厘米，绿或墨绿色。

（2）中圆柱类型。果实长 30~50 厘米，横径 5~6 厘米，果皮有条纹、绿白、绿或墨绿色。

（3）短圆柱类型。果实长 15~30 厘米，横径 5~7 厘米，果皮有条纹、绿或浓绿色。

二、品种

丝瓜常见栽培品种有：蛇形丝瓜和棒丝瓜。蛇形丝瓜又称线丝瓜，瓜条细长，有的可达 1 米多，中下部略粗，绿色，瓜皮稍粗糙，常有细密的皱褶，品质中等。棒丝瓜又称肉丝瓜，瓜棍从短圆筒形至长棒形，下部略粗，前端渐细，长 35 厘米左右，横径 3~5 厘米，瓜皮以绿色为主。

1. 长沙肉丝瓜

长沙肉丝瓜为早熟品种，以主蔓结瓜为主（图 5-1）。瓜条呈圆筒形，长约 35.7 厘米，横径 7 厘米左右，心室 3~4 个，少数 5 个，单瓜重约 500 克。嫩瓜外皮绿色、粗糙，皮薄，被蜡粉，有 10 条纵向深绿色条纹，花柱肥大短缩，果肩光滑硬化，果肉厚约 1.6 厘米，肉质柔软多汁，煮食甘甜润口，品质佳。耐热，不耐寒，耐渍水，忌干旱，适应性广，抗性强。

图 5-1　长沙肉丝瓜

2. 株洲白丝瓜

株洲白丝瓜叶片掌状五角形，果实长圆筒形，纵径约 40 厘米，横径约 6.6 厘米，浅绿白色，单瓜重约 0.75 千克。表皮绿白色，果面光滑，果实短粗、圆筒形，不易老，汤浓色白、口感好。

3. 早优 6 号丝瓜

早优 6 号丝瓜为特早熟品种，植株蔓生，生长势强（图 5-2）。主蔓结瓜为主，第一雌花位于第 5~7 节，雌花节率高，连续结果能力强，果实长棒形，果皮微皱，浅绿色，被浓密的白色茸毛（霜浓），不显老，果长约 40 厘米，横径约 5 厘米，单果重约 500 克，果肉细嫩爽口，味较甜。抗病抗逆性较强。

图 5-2　早优 6 号丝瓜

4. 早优 8 号丝瓜

早优 8 号丝瓜为早熟品种，植株蔓生，生长势强。主蔓结瓜为主，第一雌花位于第 6~8 节，雌花节率高，连续结果能力强，果实长棒形，皱皮明显、深绿色，被白色茸毛（浅霜），不显老，果长约 37 厘米，横径约 5 厘米，单果重约 500 克，果肉细嫩爽口，味较甜。抗病抗逆性较强。

5. 早皱 2 号丝瓜

早皱 2 号丝瓜为早中熟品种，主蔓结瓜为主。早春栽培主蔓第一雌花位于第 4~8 节，果实中棒形，纵径 35~40 厘米，横径 5~6 厘米，单果重500~600 克，外皮淡绿色，密布横褶皱，果顶平圆，果肉致密，品质较优，抗白粉病和疫病。

6. 早香 2 号丝瓜

早香 2 号丝瓜为特早熟品种，果肉致密，口感极佳。主蔓第 7~9 节着生第一朵雌花，果实呈长棒形，先端较圆，果皮深绿色，单果重约 500 克，果实纵径 43~51 厘米，横径 3.8~4.1 厘米。

7. 早优 3 号丝瓜

早优 3 号丝瓜为早熟品种，第一雌花位于第 6~8 节，连续坐果能力强。果实短棒形，纵径 23 厘米左右，横径 5.5 厘米左右，果皮绿色，较粗糙，花痕较大，不易老化，果肉致密，味微甜，细嫩爽口。抗逆性强，单果重约 476 克。

8. 湘研珍棒丝瓜

湘研珍棒丝瓜为早熟品种，第一雌花位于第 6 节左右，蔓生，生长势强。雌花节率高，挂果能力强。果实长棒形，果长 32 厘米左右，果径 6 厘米左右，单果重约 550 克，表皮黄绿色，肉质细嫩，硬度好，瓜味浓，瓜形匀直，瓜蒂较小，品质优，抗病性强。

9. 兴蔬皱皮丝瓜

兴蔬皱皮丝瓜为早熟品种，第一雌花位于第 8~10 节，主蔓结瓜为主，耐肥水，果实棒形、绿色，横皱明显，不易裂果，商品瓜长 28 厘米左右，横径 5.5 厘米左右，单果重 300 克左右，食味好（图 5-3）。

10. 早冠 406 丝瓜

早冠 406 丝瓜为极早熟品种，耐热，抗枯萎病，主蔓第 4~7 节着生第一雌花，果实长棒形，纵径 25~40 厘米，横径 5.2 厘米左右，单瓜重 600~800 克。果皮深绿色，被白霜，瓜蒂大，口感微甜。

图 5-3　兴蔬皱皮丝瓜

第三节　栽培技术

一、品种选择

湖南地区露地丝瓜宜选择抗病性强、分枝力弱、果实发育快、雌花节率高、商品性极佳的品种。目前适于湖南省栽培的主要丝瓜品种有长沙肉丝瓜（短棒型）、株洲白丝瓜、早香 2 号丝瓜（白皮）、湘研珍棒丝瓜、兴蔬皱皮丝瓜、早优 6 号丝瓜（长棒型）、早优 8 号丝瓜（长棒型）、早冠 406 丝瓜（长棒型）等。

二、培育壮苗

露地春丝瓜栽培的适宜播种期在 3 月上旬，秋丝瓜栽培一般在 6 月下旬至 7 月初播种育苗。每亩需种量为 300 克左右。丝瓜种子的种壳较厚，播种前宜先浸种和催芽。浸种时间稍长，宜半开半凉的温水浸种 10 小时以上，催芽温度以 28~32℃为宜，当 2/3 的种子开口露白时即可播种。将 32 孔穴盘装好基质后整齐置于苗床上，浇足底水，然后打孔播种，每孔播种 1 粒，盖好基质后随即覆盖地膜，再加盖小拱棚保温保湿，维持床温 25℃左右。幼苗开始拱土即揭开地膜，随后降温降湿，加强光照。保持床温 16~20℃，气温 20~25℃，做到尽量降低基质湿度，基质不现白不浇水，促使幼苗根系下扎，同时防止猝倒病发生。待幼苗基生叶充分展开时，加强肥水管理，以干湿交替为原则，促进地上部真叶生长。白天床温 15℃以上时揭开小拱棚，夜晚盖上保温。待幼苗长至二叶一心时准备移栽。

三、整地施肥

于前作收获后土壤翻耕前，每亩撒施生石灰 100~150 千克，进行土壤消毒。土壤翻耕后，每亩撒施饼肥 100~150 千克、商品有机肥 500 千克、硫酸钾型复合肥 50 千克、钙镁磷肥 50 千克。将肥料与土壤混匀，然后进行整地作畦，畦面宽 110 厘米，略呈龟背形，沟宽 70 厘米，沟深 30 厘米，整地后每畦铺设滴灌管一条，随即覆盖无色透明地膜。整地施肥工作应于移栽前1周完成。

四、移苗定植

当丝瓜幼苗长至二叶一心，也就是苗龄15~25天左右时定植为宜，春季露地栽培一般在4月上中旬晴天定植；秋季露地栽培一般在7月中旬傍晚定植。每畦栽1行，穴距60厘米，每亩定植600株左右，定植后浇上压蔸水，并用土杂肥封严定植孔。幼苗成活后用根线宝750倍液200毫升灌蔸预防根结线虫病。

五、大田管理

（一）搭棚引蔓

当丝瓜蔓长0.3米时，应及时搭棚引蔓。具体做法是沿定植行间隔2米打一木桩或竹桩，在木桩或竹桩上拉托幕线或镀锌钢丝，定植行两端用地锚固定，横向间隔30厘米拉托幕线或镀锌钢丝形成网状棚结构（图5-4）。木桩间每株丝瓜插一根细竹竿，牵引瓜藤绕竿至网状棚架上。

图 5-4 露地丝瓜棚架搭设

（二）植株调整

丝瓜蔓上棚架之前需要打掉全部侧枝，上棚架后要及时引蔓，侧蔓放任生长，结合绕蔓进行疏蕾、疏花、疏须、疏果，疏蕾、疏花、疏须主要是疏去部分花蕾、绝大部分雄花和卷须，除每隔 2~3 节留一朵雄花外，可将多余的雄花和卷须及早摘除，以减少养分的消耗；结合采摘提早疏去畸形果；当丝瓜主蔓长至上方镀锌钢丝时，基部果实已采收完毕，基部叶片衰老变黄时，剪去基部老叶，以利于通风，这样可延长结果期，创造丝瓜高产条件。

（三）激素保果与人工授粉

丝瓜生长前期若因无雄花或低温影响坐果，可利用 0.003% 的 2，4-D 点花或 50 倍的高效坐果灵涂抹果柄。稍后 10 天左右，每天早晨 9 时前进行人工辅助授粉以提高坐果率与成瓜率。

（四）追肥

肥水管理原则：采一次果追一次肥。生长前期视生长情况每周用滴灌追一次肥；结果期每采一次用滴灌追一次肥，结合沟施。追肥最好用全量冲施水，施用浓度 0.2%~0.3%。

六、及时采摘

丝瓜是以嫩瓜为商品瓜，因此要及时采收。生产上应尽早采收根果，一般在雌花开花后 12~15 天，瓜重 300~500 克、花蒂尤存时采收为宜，采收时应用剪刀剪下，不要拉伤茎蔓。

第四节　病虫害防治

一、主要病害防治

（一）霜霉病

1. 症状

霜霉病主要为害叶片，先在叶片正面出现不规则褪绿斑，后扩大为多角形黄褐色病斑。湿度大时病斑背面长出紫黑色霉层，后期连片，使叶片枯死（图 5-5）。

图 5-5　丝瓜霜霉病

2. 发生规律

丝瓜霜霉病病源与黄瓜霜霉病同属一种病菌，病菌在病残体上越冬，低温阴雨、空气湿度大、昼夜温差大、棚内大水漫灌时，易发病。霜霉病发生的适宜温度是 15~24℃，低于 15℃、高于 28℃ 不易发病。病菌适宜的空气相对湿度为 80% 以上，湿度在 60% 以下时孢子囊不能产生。孢子囊萌发和侵入一定要在叶面上有水滴或水膜存在的条件下，否则不会发病。露地栽培在 20~24℃ 时，加上雨水多、雾大、结露多时，病害才能大流行。

3. 防治方法

（1）选用抗病品种，加强田间管理。

（2）清洁田园，用 5% 石灰水，每公顷 1500 千克喷布均匀，或用石灰粉按每公顷 300 千克喷粉，病株集中烧毁，可减少田间病菌残留。

（3）加强田间管理，增施有机肥，提高抗病力，注意引蔓整枝，保证株间通风透光通气。

（4）丝瓜幼苗期、抽蔓期、初花期、坐果期、盛果期分别叶面喷施叶面肥 1 次，可以激发丝瓜植株对霜霉病、炭疽病、病毒病等常见病害的抗性，同时能提供丝瓜生长所需营养元素，促进丝瓜植株生长和发育，提升单瓜重量，减少病瓜、畸形瓜的产生。此后每采摘 2 次，叶面喷施叶面肥 1 次，以延长采摘周期。

（5）化学防治方法：发病初期可用 50% 甲霜铜 600 倍液或 70% 代森锰锌 800 倍液、70% 甲基托布津 800~900 倍液，每 10 天喷施 1 次，连喷 3~4 次。

（二）疫病

1. 症状

疫病主要为害果实，茎蔓或叶片也受害。近地面的果实先发病，出现水浸状暗绿色圆形斑，扩展后呈暗褐色，病部凹陷，由此向果面四周作水渍状浸润，上面生出灰白色霉状物，即病菌孢囊梗和孢子囊。湿度大时，病瓜迅速软化腐烂。茎蔓染病部初呈水渍状，扩展后整段软化湿腐，病部以上的茎叶萎蔫枯死。叶片染病，病斑呈黄褐色，湿度大时生出白色霉层腐烂。苗期染病，幼苗根茎部呈水浸状湿腐（图 5-6）。

图 5-6　丝瓜疫病

2. 发生规律

病菌在种子上或以菌丝体及卵孢子随病残体在土壤中越冬，借风雨及灌溉水传播，病菌侵染幼苗致秧苗倒伏，成株坐瓜后，雨水多、湿度大易发病。病菌发育适温 27~31℃，最高温 36℃，最低温 10℃。遇阴雨或湿度大，土壤黏重、地势低洼、重茬地发病重。

3. 防治方法

（1）选用抗（耐）病品种。

（2）重病地与非瓜类作物实行 3~5 年轮作。平畦栽培改为高畦栽培，地面爬蔓改为插架上蔓，最好高畦覆地膜栽培。

（3）施足充分腐熟粪肥，避免偏施氮肥，增施磷、钾肥。适当控制灌水，雨后及时排水。灌水和下雨后，地面绝不能有积水。

（4）发现中心病株，及时拔除深埋或者烧掉。

（5）一般在发病前或初见发病，连续用药防治。药剂可选用58%甲霜灵锰锌可湿性粉剂500倍液，或80%乙磷铝可湿性粉剂500倍液，或64%杀毒矾可湿性粉剂500倍液，或72.2%普力克水剂700倍液，或72%克露可湿性粉剂600倍液，或18%甲霜胺锰锌可湿性粉剂600倍液，或30%绿得保胶悬剂400倍液，或77%可杀得可湿性微粒粉剂600倍液。也可用70%敌克松可湿性粉剂1000倍液，或10%高效杀菌宝水剂200~300倍液灌根。

（三）枯萎病

1. 症状

苗期发病，子叶先变黄、萎蔫后全株枯死，茎部或茎基部变褐缢缩成枯状。成株发病主要发生在开花结瓜后，最初表现为部分叶片或植株的一侧叶片中午萎蔫下垂，似缺水状，但萎蔫叶早晚恢复，后萎蔫叶片不断增多，逐渐遍及全株，致整株枯死。主蔓基部纵裂，纵切病茎可见维管束变褐。湿度大时，病部表面现白色或粉红色霉状物，即病原菌子实体。有时病部溢出少许琥珀色胶质（图5-7）。

图5-7 丝瓜枯萎病

2. 发生规律

丝瓜枯萎病病茎百分之百带菌，种子也带菌。该病以病茎、种子或病残体上的菌丝体和丝瓜枯萎病厚垣孢子及菌核，在土壤和未腐熟的带菌有机肥中越冬，成为翌年初侵染源。该病发生严重与否，主要取决于当年的侵染量。高温有利于该病的发生和扩展，空气相对湿度90%以上易感病。病菌发育和侵染适温24~25℃，最高温34℃，最低温4℃；土温15℃潜育期15天，20℃ 9~10天，25~30℃ 4~6天，适宜pH 4.5~6。

3. 防治方法

（1）选用抗（耐）病品种和早熟品种。

（2）与非瓜类作物进行5年以上轮作。

（3）施用酵素菌沤制的堆肥或充分腐熟的有机肥，可减少枯萎病发生。对酸性土壤应施用消石灰，每亩100~150千克，把土壤pH调到中性。

（4）种子消毒或包衣。种子可用40%福尔马林150倍液浸种30分钟，捞出后用清水冲洗干净再催芽播种；也可用50%甲基硫菌灵或多菌灵可湿性粉剂浸种30~40分钟；或用种子重量0.2%~0.3%的40%拌种双粉剂或50%多菌灵可湿性粉剂拌种。

（5）采用营养钵育苗，移栽时用双多悬浮剂（西瓜重茬剂）300~350倍液灌穴，每穴0.5千克，每亩用药1千克；对直播的在播种和丝瓜5~6片真叶时分别灌双多悬浮剂600~700倍液，每穴灌兑好的药液0.5千克，每亩2次用药1千克。

（6）坐瓜后发病前或发病初期，除采用上述药剂外，还可选用60%防霉宝超微可湿性粉剂600倍液、50%苯菌灵可湿性粉剂1500倍液、12.5%增效多菌灵浓可溶剂200~300倍液灌根，每株灌兑好的药液100毫升，隔10天再灌一次，连续防治2~3次。对枯萎病一定要早防、早治，否则效果不明显。此外，于定植后开始喷细胞分裂素500~600倍液，隔7~10天1次，共喷3~4次，可明显提高抗性。

（7）丝瓜枯萎病发生重的地区或田块，提倡选用云南黑籽南瓜或南砧1

号作砧木，用适合当地的优良丝瓜品种作接穗进行嫁接。嫁接苗对枯萎病防治效果达 90% 以上。采用靠接或插接法，进行嫁接后置于塑料棚中保温、保湿，白天控温 28℃，夜间 15℃，相对湿度 90% 左右，经半个月成活后，转为正常管理。

（四）白粉病

1. 症状

丝瓜白粉病主要为害叶片、叶柄或茎，发病初期叶片局部产生圆形小白粉斑，后逐渐扩大为不规则形、边缘不明显的白粉状小霉斑（图 5-8）。发生严重时，数十个白粉病斑汇集连成一片，但很少布满整张叶片，最后造成叶片发黄，有时病斑上产生小黑点。一般受害叶片只表现为褪绿或变淡黄。丝瓜茎蔓和果实极少发病。

2. 发生规律

以闭囊壳随病残体越冬，翌春放射出子囊孢子，进行初侵染。在温暖地区或棚室，病菌主要以菌丝体在寄主上越冬。借

图 5-8　丝瓜白粉病

风和雨水传播。在高温干旱环境条件下，植株长势弱、密度大时发病重。白粉病始发期在 5 月下旬至 6 月上旬，此期气温适宜，早晨露水多，田间湿度大，有利于白粉病发生。进入 6 月下旬以后，随着气温升高，白粉病处于潜伏期，进入 7 月中下旬，白粉病迅速扩展蔓延，全田感染。种植过密、偏施氮肥、大水漫灌、植株徒长、湿度较大，都有利于发病。

3. 防治方法

（1）选用抗病品种。

（2）加强栽培管理。主要是注意田间通风、透光，降低湿度，加强肥水管理，防止植株徒长和脱肥早衰等。露地栽培时，应避免种植在低洼、通风

不良的园地。在生长期间，避免偏施氮肥，应适当增施磷、钾肥，提高植物抗病力。当发现白粉病叶时，应及时摘除并销毁。

（3）药剂防治。目前防治白粉病的药剂较多，如甲基托布津、白粉宁、烯唑醇、福星、多菌灵、苯来特等，兼有保护和治疗作用，但要注意轮换用药、交替用药，根据具体药剂和病害情况，间隔 7~15 天喷药 1 次。亦可用 50% 托布津、多菌灵 500 倍液灌根，每株用药液 250~500 克，隔 15~20 天灌 1 次，连续灌 2~3 次即可控制危害。

二、主要虫害防治

（一）瓜蚜

1. 为害特征描述

瓜蚜的成虫和若虫多群集在叶背、嫩茎和嫩梢刺吸汁液。梢受害，叶片卷缩，生长点枯死，严重时在瓜苗期能造成整株枯死。成长叶受害，干枯死亡。蚜虫为害还可引起煤烟病，影响光合作用，更重要的是可传播病毒病，植株出现花叶、畸形、矮化等症状，受害株早衰（图 5-9）。

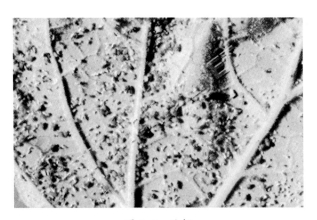

图 5-9 瓜蚜

2. 丝瓜瓜蚜形态特征

无翅胎生雌蚜体长不到 2 毫米，身体有黄、青、深绿、暗绿等色。触角约为身体一半长。复眼暗红色。腹管黑青色，较短。尾片青色。有翅胎生蚜体长不到2毫米，体色黄、浅绿或深绿。触角比身体短。翅透明，中脉三岔。卵初产时橙黄色，6天后变为漆黑色，有光泽。卵产在越冬寄主的叶芽附近。

无翅若蚜与无翅胎生雌蚜相似，但体较小，腹部较瘦。有翅若蚜形状同无翅若蚜，二龄出现翅芽，向两侧后方伸展，端半部灰黄色。

3. 发生规律

瓜蚜以卵在夏枯草、车前草、苦荬菜等草本植株，以及花椒、木槿、石榴等木本植物上越冬。一般在每年4月，当5天平均气温达到6℃时，越冬卵孵化为干母，达12℃时开始胎生干雌，在越冬植株上繁殖2~3代后产生的翅蚜，5月迁飞到菜园、瓜田。6~7月出现为害高峰。丝瓜瓜蚜繁殖的适温为16~22℃。干旱或暑热期间，小雨或阴天、气温下降，对种群繁殖有利，种群数量迅速增多，暴风雨常使种群数量锐减。密度大或当营养条件恶化时，产生大量有翅蚜并迁飞扩散。瓜蚜在长江流域繁殖20~30代，可终年辗转于保护地和露地之间繁殖为害。

4. 防治方法

（1）经常清除田间杂草，彻底清除瓜类、蔬菜残株病叶等。

（2）瓜蚜天敌有200多种，其中体内寄生的蚜茧蜂科、蚜小蜂科、跳小蜂科和金小蜂科共26种。捕食性天敌有瓢虫、草蛉、食蚜蝇、食蚜瘿蚊、食蚜螨、花蝽、猎蝽、姬蝽等，还有菌类如蚜霉菌等。

（3）利用有翅蚜对黄色、橙黄色有较强的趋性。取一长方形硬纸板或纤维板，板的大小为30厘米×50厘米，先涂1层黄色广告色，晾干后，再涂1层黏性黄机油（加少许黄油）或10号机油，每公顷设置30~45块，当黏满蚜虫时，需及时再涂黏油。利用银灰色对蚜虫有驱避作用，用银灰色薄膜代替普通地膜覆盖，而后定植或播种。隔一定距离挂1条10厘米宽的银膜，与畦平行。

（4）于傍晚密封棚室，每亩用灭蚜粉1千克，或10%杀瓜蚜烟雾剂0.5

千克，或 10% 氰戊菊酯烟雾剂 0.5 千克。喷药可用 25% 天王星乳油 2000
倍液，或 2.5% 功夫乳油 4000 倍液，或 20% 灭扫利乳油 2000 倍液，或
10% 吡虫啉可湿性粉剂 1000~2000 倍液，或 20% 好年冬乳油 1000~1500
倍液等。

（二）黑守瓜

1. 为害特征描述

黄足黑守瓜，别名柳氏黑守瓜、黑瓜叶虫、黄胫黑守瓜，属鞘翅目叶甲
科。成虫咬食叶片成环形或半环形缺刻，咬食嫩茎造成死苗，还为害花及幼
瓜。幼虫在土中咬食根茎，常使瓜秧萎蔫死亡，也可蛀食贴地生长的瓜果。

2. 丝瓜黑守瓜形态特征

成虫体长 5.5~7 毫米，宽 3~4 毫米。全身仅鞘翅、复眼和上颚顶端黑
色，其余部分均呈橙黄色或橙红色。卵黄色，球形，表面有网状皱纹。幼虫
黄褐色，各节有明显瘤突，上生刚毛，腹部末端左右有指状突起，上附刺毛
3~4 根（图 5-10）。

图 5-10　黑守瓜

3. 发生规律

长江流域 1 年发生 1~2 代，华南地区 2~3 代。以成虫在避风向阳的杂
草、落叶及土壤缝隙间潜伏越冬。翌春当土温达 10℃时，开始出来活动，
在杂草及其他作物上取食，再迁移到瓜地为害瓜苗。在年发生 1 代区域越冬

成虫 5~8 月产卵，6~8 月是幼虫为害高峰期。8 月成虫羽化后为害秋季瓜菜，10~11 月逐渐进入越冬场所。成虫喜在湿润表土中产卵，卵散产或堆产，每个雌虫可产卵 4~7 次，每次约 30 粒。卵期 10~25 天，幼虫孵化后随即潜入土中为害植株细根，3 龄以后为害主根。幼虫期 19~38 天，蛹期 12~22 天，老熟幼虫在根际附近筑土室化蛹。成虫行动活泼，遇惊即飞，有假死性，但不易捕捉。黑守瓜喜温好湿，成虫耐热性强、抗寒力差，南方地区发生较重。

4. 防治措施

（1）适当间作或套种：瓜类蔬菜与十字花科蔬菜、莴苣、芹菜等绿叶蔬菜间作或套种，也可苗期适当种植一些高秆作物。

（2）阻隔成虫产卵：采用全田地膜覆盖栽培，在瓜苗茎基周围地面撒布草木灰、麦芒、麦秆、木屑等，以阻止成虫在瓜苗根部产卵。

（3）药剂防治：重点要做好瓜类幼苗期的防治工作，控制成虫为害和产卵。由于瓜类蔬菜苗期抗药力弱，对不少药剂比较敏感，易产生药害，应注意选用对口药剂，严格掌握施药浓度。药剂可选用 52.25% 农地乐乳剂 1500 倍液，或 2.5% 敌死杀乳油 3000 倍液，或 5.7% 天王百树乳油 2000 倍液，或 10% 歼灭乳油 2500 倍液等。

（三）瓜绢螟

1. 为害特征描述

丝瓜瓜绢螟主要为害丝瓜叶片，低龄幼虫在叶背啃食叶肉，呈灰白斑，3 龄后吐丝将叶或嫩梢缀合，匿居其中取食，使叶片穿孔或缺刻。严重时仅留叶脉。幼虫常蛀入瓜内或茎部，蛀果成孔，降低商品价值，或造成果腐，不能食用。

2. 丝瓜瓜绢螟形态特征

成虫为体中型偏小的蛾子（体长约 12 毫米，翅展约 25 毫米），前翅白色近透明，前缘和后缘具有黑色宽带。幼虫淡绿色，体背有 2 条白色纵线（图 5-11）。

图 5-11　瓜绢螟

3.发生规律

丝瓜瓜绢螟在南方地区 1 年发生 5 代，以 7 月底、8 月中旬、9 月上中旬的第 2、第 3、第 4 代为害大。随着瓜类品种及种植面积的增加，目前已成为瓜类的常发性害虫。

4.防治措施

（1）及时清理瓜地，消灭藏于枯藤落叶中的虫蛹，在幼虫发生初期，及时摘除卷叶，可消灭部分幼虫。

（2）在卵孵盛期及幼虫卷叶为害前喷药防治。药剂可选用 5% 锐劲特悬浮剂 1500 倍液，或 2.5% 功夫菊酯 3000 倍液，或 5% 氟铃脲悬浮剂 1000 倍液。养蜂地区禁用锐劲特。

幼虫 3 龄前，在叶背啃食叶肉时，选用 10% 氯氰菊酯 1000 倍液、2.5% 功夫菊酯乳油 2000~4000 倍液、BT 乳油 500 倍液喷雾防治。

（四）瓜实蝇

1.为害特征描述

瓜实蝇以成虫产卵和幼虫蛀瓜为害。成虫以产卵管刺入幼瓜表皮内产卵，幼虫孵化后在瓜内蛀食。被害瓜先局部变黄，而后全瓜腐烂变臭，瓜内常聚焦上百条龄期不一的蛆虫蠕动，造成大量落瓜；即使不腐烂，刺伤处凝结着流胶，畸形下陷，果皮变硬，瓜味苦涩，品质下降。

2. 丝瓜瓜实蝇形态特征

瓜实蝇成虫体长 8~9 毫米，翅展
16~18 毫米。褐色，额狭窄，两侧平行，宽
度为头宽的 1/4。前胸左右及中、后胸有黄
色的纵带纹；腹部第 1、第 2 节背板全为淡
黄色或棕色，无黑斑带，第 3 节基部有 1 黑
色狭带，第 4 节起有黑色纵带纹。翅膜质透
明，杂有暗黑色斑纹。腿节具有一个不完全
的棕色环纹（图 5-12）。卵细长，长约 0.8

图 5-12　瓜实蝇

毫米，一端稍尖，乳白色。老熟幼虫体长约 10 毫米，乳白色，蛆状，口钩
黑色。蛹长约 5 毫米，黄褐色，圆筒形。

3. 发生规律

越冬的成虫次年 4 月开始活动产卵。在广州地区 5~6 月，四川、重庆
地区 4~7 月，发生为害较重。成虫白天活动，飞翔敏捷，但在夏天中午高
温烈日时，常静伏于瓜棚或叶背等阴凉处，傍晚以后停息叶背，不活动。成
虫产卵前，需要补充营养，对糖、酒、醋及芳香物质有趋性。雌虫产卵于嫩
瓜内，每次产几粒至 10 余粒，每雌可产数十粒至百余粒，幼虫孵化后即在
瓜内取食，将瓜蛀食成蜂窝状，以致腐烂、脱落。老熟幼虫在瓜落前或瓜落
后弹跳落地，钻入表土层化蛹，通常在 2~4 厘米的表土层化蛹。瓜实蝇 1
年可发生 5~8 代，世代重叠，全年有活动。其中卵期 5~8 天，幼虫期 4~15
天，蛹期 7~10 天，成虫寿命 25 天左右。

4. 防治措施

（1）清洁田园。及时摘除和收集落地丝瓜，并集中处理（喷药或深埋），
有助于减少虫源，减轻危害。

（2）套袋护瓜。在常发严重为害的地方，可采用套袋护瓜办法（瓜果刚
谢花、花瓣萎缩时进行）以防成虫产卵为害。

（3）诱杀成虫。购买使用瓜实蝇诱杀黏蝇板，诱杀实蝇雌雄成虫；安装

频振式杀虫灯进行灯光诱杀。

（4）毒饵防治。利用瓜实蝇对糖、酒、醋及芳香物有强烈趋性的特性，可用糖醋液诱杀：用糖3份、醋4份、酒1份和水2份，配成糖醋液，并在糖醋液内按5%加入90%美曲磷酯。将其装入容器挂于棚下，每亩20个点，每点放25克，能诱杀成虫。

（5）喷药杀虫。在成虫盛发期，在早上10时前后或下午4时前后喷药杀成虫，喷施高效氯氰菊酯4.5%乳油1500~2000倍液，连喷2~3次，喷足药液。

（五）斑潜蝇

1. 为害特征描述

丝瓜斑潜蝇成、幼虫均可为害。雌成虫飞翔把植物叶片刺伤，进行取食和产卵，幼虫潜入叶片和叶柄为害，产生不规则蛇形白色虫道（图5-13），叶绿素被破坏，影响光合作用，受害植株叶片脱落，造成花芽、果实被灼伤，严重的造成毁苗。

图5-13　斑潜蝇为害形成的白色虫道

2. 丝瓜斑潜蝇形态特征

成虫体长1.8~2.5毫米，浅灰黑色，头部和小盾片鲜黄色，胸背板亮黑色，外顶鬃常着生在黑色区上，内顶鬃着生在黄色区或黑色区上，腹部每节黑黄相间，体侧面观黑、黄色约各占一半，前翅长1.3~1.7毫米（图

5-14）。雌虫体比雄虫稍大。卵呈米色，半透明，大小（0.2~0.3）毫米 ×（0.1~0.15）毫米。幼虫共 3 龄，蛆状，体长 2.5~3 毫米，初无色，1~2 龄幼虫淡黄白色，3 龄金黄色，后气门突呈圆锥状突起，顶端三分叉，各具 1 开口。蛹椭圆形，腹面稍扁平，金黄色，羽化前为深褐色，大小（1.7~2.3）毫米 ×（0.5~0.75）毫米，后气门 3 孔。

图 5-14　斑潜蝇

3. 发生规律

斑潜蝇在湖南 1 年发生 13~15 代，在保护地内可周年发生，无越冬现象，繁殖能力强，世代短且重叠严重，每世代夏季 2~4 周，冬季 6~8 周。露地以蛹越冬。

4. 防治措施

（1）加强植物检疫：严禁从疫区调入蔬菜、花卉等作物。

（2）农业防治：在斑潜蝇为害重的地区，把斑潜蝇嗜好的瓜类、茄果类、豆类与其不为害的作物进行套种或轮作；适当疏植，增加田间通透性；在秋季和春季的保护地的通风口处设置防虫网，防止露地和棚内的虫源交换；收获后及时清洁田园，把被斑潜蝇为害作物的残体集中深埋、沤肥或烧毁。

（3）高温闷棚：在夏季高温换茬时将棚室密闭 7~10 天，昼夜不开缝，使温度高达 60~70℃，杀死大量虫源，防止虫源扩散到露地。

（4）采用黄板诱杀成虫：在成虫始盛期至盛末期，每亩置 15~20 个诱杀点，每点放置 1 张黄板诱杀成虫，3~4 天更换 1 次。

（5）科学利用天敌：释放姬小蜂、反颚茧蜂、潜叶蜂等天敌。

（6）药剂防治：春季发生较轻可结合蚜虫进行兼治。7~9 月发生较重时，成虫羽化始盛期开始防治，用药时间应选择在晴天露水干后至午后 2 时成虫活动盛期进行，药剂可选用 5% 卡死克乳油 2000 倍液，或 5% 锐劲特悬浮剂 1500 倍液等。在低龄幼虫始盛期防治，掌握在 2 龄幼虫期前（虫道 0.3~0.5 厘米）喷施，药剂则可选用 50% 潜蝇灵可湿性粉剂 2000~3000 倍液，或 75% 潜克可湿性粉剂 5000~8000 倍液等，5~7 天防治 1 次，连续防治 2~3 次。若在天敌发生高峰期用药，宜选用 1% 杀虫素 1500 倍液或 0.6% 灭虫灵乳油 1000 倍液喷雾防治。注意交替使用各类农药并严格掌握安全间隔期。

（六）根结线虫

1. 症状

丝瓜被根结线虫为害后，植株地上部生长缓慢，影响生长发育，致植株发黄矮小，气候干燥时或中午前后地上部打蔫，拔出病株，可见根部产生大小不等的瘤状物或根结，剖开根结可见其内生有许多白色细小的梨状雌虫，即根结线虫（图 5-15）。

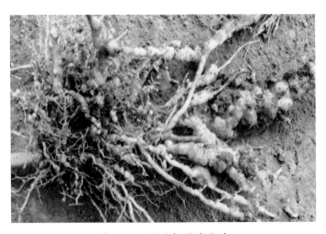

图 5-15　丝瓜根结线虫病

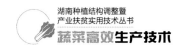
2. 发生规律

该虫多在土壤深 5~30 厘米处生存，常以卵或 2 龄幼虫随病残体遗留在土壤中越冬，病土、病苗及灌溉水是主要传播途径。一般可存活 1~3 年。南方根结线虫生存最适温度为 25~30℃，高于 40℃、低于 5℃ 都很少活动，55℃ 经 10 分钟致死。田间土壤湿度是影响孵化和繁殖的重要条件。土壤湿度适合蔬菜生长，也适于根结线虫活动，雨季有利于根结线虫孵化和侵染，但在干燥或过湿土壤中，其活动受到抑制，其为害沙土常较黏土重，适宜土壤 pH 4~8。

3. 防治措施

（1）前茬收获后及时清除病残体，集中烧毁，深翻 50 厘米，起高垄 30 厘米，沟内淹水，覆盖地膜，密闭棚、室 15~20 天，经夏季高温和水淹，防治效果达 90% 以上。

（2）轮作。发病重的应与葱、蒜、韭菜、水生蔬菜或禾本科作物等进行 2~3 年轮作。

（3）必要时选用 3% 米乐尔颗粒剂，每亩 1.5~2.0 千克，或滴滴混剂，每亩 40 千克，于定植前 15 天，撒施在开好的沟里，覆土、压实，定植前 2~3 天开沟放气，防止产生药害，此外也可用 95% 棉隆，每亩用量 3~5 千克或 3% 甲基异硫磷颗粒剂 10~15 千克。但要注意防止药害和毒害。

第六章
南瓜种植技术

胡新军

第一节　南瓜对环境条件的要求

一、温度

南瓜属喜温作物，但种间存在差异。中国南瓜适宜温度较高，一般为18~32℃，40℃以上则停止生长。南瓜不同生长期对温度要求有所不同，发芽期适温为28~30℃，最高温度为35℃、最低温度为13℃；营养生长期温度保持在白天25~32℃、夜间13~15℃，有利于促进光合作用和花芽分化；开花结果期适温为白天25~27℃、夜间15~18℃，低于15℃或高于35℃，可导致花芽发育异常或花粉败育。

二、光照

南瓜是喜光植物，光照充足，生长良好，果实生长发育快而且品质好；阴雨天多，光照不足容易化瓜，也容易发生病害。

三、水分

南瓜根系发达，吸水能力强，耐旱能力强，但由于南瓜叶片大，蒸腾作用强，缺水时应及时补水；南瓜不耐涝，遇雨涝天必须及时排水。适宜土壤相对湿度和空气湿度为60%~70%。

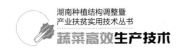

四、土壤及营养

南瓜对土壤条件适应性强，要求不严格，但仍以耕层深厚、肥沃的沙壤土或壤土栽培为好，适宜土壤 pH 5.5~6.8。南瓜生长量大，根系吸收水肥能力强，每生产 1000 千克的南瓜需吸收氮 3~5 千克、磷 1.3~2 千克、钾 5~7.1 千克、钙 2~3 千克、镁 0.7~1.3 千克。

第二节　类型与品种

一、类型

湖南省种植的南瓜主要为中国南瓜，分老瓜食用和嫩瓜食用两种类型。老瓜食用型以中国南瓜为主，在湖南省大面积种植的中国南瓜品种主要有兴蔬大果蜜本、金韩蜜本、江淮早蜜本等；嫩瓜食用的品种主要有嫩早系列南瓜、一串铃南瓜等。

二、品种

1. 兴蔬大果蜜本

该品种是湖南省蔬菜研究所选育的中熟大果型老南瓜品种。生长势强，耐贮运，商品性好，主侧蔓均可结瓜，主蔓第一雌花位于第 20 节左右，侧蔓第一雌花位于第 9 节左右。瓜重 4~6 千克，果实长葫芦形，果面带棱沟，肉质紧密，果实可溶性固形物含量 7.3% 左右，口感粉、甜。适于长江流域及以南地区栽培，亩产 3000~4000 千克（图 6-1）。

图 6-1　兴蔬大果蜜本

2. 金韩蜜本

该品种是汕头金韩种业有限公司选育的中熟品种，分枝性强，第一雌花着生在第 15~16 节，瓜为棒槌形，长约 36 厘米，宽约 14.5 厘米，瓜顶端膨大，成熟瓜橙黄色，瓜肉橙红色，淀粉细腻，味甜，水分少，品质优良，单瓜重 3~3.5 千克，一般亩产约 2000 千克（图 6-2）。

3. 江淮早蜜本

该品种是江淮园艺种业股份有限公司选育的早熟老南瓜品种，第一雌花着生在第 15 节，转色快，易坐果，连续坐果性强，瓜为棒槌形，单瓜重 2.5~5 千克，淀粉细腻，甜度高，耐贮运（图 6-3）。

4. 嫩早系列南瓜

该品种是湖南省蔬菜研究所育成的早熟嫩南瓜系列品种，耐寒，果实膨大快，适温下开花后 7~10 天采收嫩瓜，以嫩瓜供食为主（图 6-4）。茎蔓生，主、侧蔓均能结瓜，主蔓结瓜早，膨大快。嫩瓜肉厚，耐老化，品质优于同类品种。综合抗病能力强，丰产性好，适合于春季露地、保护地早熟栽培。

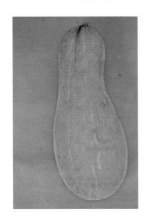

图 6-2　金韩蜜本　　　　图 6-3　江淮早蜜本　　　　图 6-4　嫩早系列南瓜

5. 一串铃南瓜

该品种为早熟品种，出苗至嫩瓜始收 25~30 天。植株蔓生，生长势中等，耐肥，适应性较强。第一雌花着生于主蔓第 6~7 节，着瓜较密，一般 3~4 瓜，多至 4~5 瓜连续着生，形如一串铃（图 6-5）。嫩瓜圆球形，因表皮深绿色有白色点状花纹，故又名"花皮一串铃"南瓜。食用嫩瓜单瓜重 0.4~0.5 千克，口感鲜嫩，味浓；老瓜扁圆形，表皮黄棕色，老瓜单瓜重 1~2 千克，口感粉甜，品质佳。平均亩产 2000 千克。

图 6-5　一串铃南瓜

第三节　栽培技术

一、培育壮苗

（一）播种期

南瓜适应性广，老南瓜在我国大部分地区为露地栽培，嫩南瓜以保护地栽培为主，也可进行秋季露地栽培。各地气候条件不同，其栽培方式和适宜播种期有一定差异，在长江中下游地区南瓜适宜播种期如表 6-1 所示，可供参考。

表 6-1　长江中下游地区南瓜不同栽培方式的适宜播种期

栽培方式	播种期	定植期	适用类型
春大棚早熟栽培	1 月下旬至 2 月上旬	2 月下旬至 3 月上旬	嫩南瓜
春露地栽培	3 月上中旬	4 月上中旬	嫩南瓜、老南瓜
秋露地栽培	7 月下旬至 8 月上中旬	8 月上旬至 8 月下旬	嫩南瓜

（二）育苗技术与苗龄

1. 营养土

育苗基质可直接购买蔬菜专用育苗基质，生产者也可自己配制。营养土的配制以有机质含量高、无污染、无病虫来源的原料为原则。取肥沃、疏松、在 3 年内未种过瓜类的菜园土，经过 2~3 次翻晒，再施放优质农家肥，充分翻匀后过筛。以 6 份园土比 4 份有机肥的比例配制营养土，配制好的营养土最好堆置在育苗棚内，用薄膜覆盖 15~20 天后使用。

2. 营养盘的准备

南瓜育苗用营养盘以 50 孔规格为宜。在育苗前 1~2 天装营养土，整齐排放于育苗床内。育苗床宽 1~1.2 米，高 10~15 厘米，长度根据育苗量确定。

3. 浸种催芽

浸种前选晴天晒种 1~2 小时，将种子倒入 55℃左右的热水中搅动保持 20 分钟，然后用 25~30℃的温水浸种 4 小时，洗净沥干后用湿毛巾包好，放在 30~32℃的条件下催芽，每天用 30℃的温水冲洗 2 次，每天翻动种子 4 次，保持湿润，待 80% 的种子露白时即可播种。

4. 播种

播种前一天下午，将已装好基质的营养盘淋湿透，播种时在营养盘孔口中间用食指插一个 2 厘米深的小穴，将已发芽的种子平放于穴内，盖上营养土，淋湿，插拱棚架，盖膜。未发芽的种子继续催芽，待出芽后再播种。

5. 苗期温度管理

出苗前高温促齐苗，温度控制在 25~35℃，催芽后的种子约 36 小时即可出苗，当 60% 的种子破土出苗，及时揭除拱棚，防止高温烧苗和徒长，同时适当降温至白天 22~25℃，夜间温度不低于 15℃，有利于形成矮壮苗。在定植前 3~5 天适当降温至白天 25℃，夜间不低于 12℃进行低温炼苗。

6. 苗期水分管理

南瓜苗期需水量较少，应以适量少浇为原则。一般在浇足底水的状况下，从出苗到子叶期不需浇水，以保持土壤表层不发白为宜，适量补水时，应选择晴天上午 10 时到下午 2 时进行，水分过多，易降低土温而产生僵苗和沤根。在育苗棚内空气湿度达 80% 以上时，加大通风，有利于降低湿度，减少苗期病害。

7. 苗龄

南瓜以大苗定植为主，适宜的壮苗标准是：子叶肥大，具 3~4 片真叶，叶片平展，叶色绿，最大叶长 8 厘米、叶宽 8 厘米，株高 15 厘米，茎粗 0.4~0.5 厘米，无病虫害，在春季苗龄 25~30 天，秋季 10~15 天（图 6-6）。

图 6-6　南瓜集约化育苗

二、整地施肥

栽培南瓜的田块必须符合 2002 年农业部颁布的《无公害食品　蔬菜产地环境条件（NY5010—2002）》，选择灌排畅通，土壤疏松，非瓜类连作的田块，以水旱轮作为最佳。定植前先深翻 20~30 厘米，晒 15~20 天，施菜枯 100 千克和三元复合肥 50 千克，与土壤充分混匀。老南瓜以爬地栽培为主，6~8 米开厢，沟宽 50 厘米，厢面净高 20 厘米，定植行盖地膜。嫩南瓜多以搭人字架的栽培方式为主，早春大棚栽培的，于定植前 10~15 天盖好薄膜，提高棚内温度，大棚内作南北向畦，净畦高 20 厘米，宽 1 米。嫩南瓜春、秋季露地栽培时，畦面高度与宽度同早春大棚栽培。

三、定植

南瓜定植时间应依各地栽培方式与气候条件而定。长江中下游地区嫩南瓜大棚早熟栽培的一般于3月上中旬定植，春露地栽培的于4月中下旬定植，秋露地栽培的一般于8月定植，嫩南瓜一般搭人字架，在1米宽的畦面上采用双行定植的方式，株距60厘米，每亩栽苗1400株左右，春季大棚早熟栽培，必须在棚内地温达12~14℃时适时定植。老南瓜爬地栽培，采用双行定植、对爬的方式，株距50厘米，每亩栽苗300株左右。定植时选择壮苗，以2片子叶离地面1厘米左右浅栽并浇足定根水。

四、大田管理

（一）嫩南瓜春季大棚早熟栽培（图6-7）

1. 温度管理

嫩南瓜春季大棚早熟栽培，定植后至缓苗前，密闭小棚以增温保湿缓苗促发棵，棚温白天控制在30℃左右，夜间15~20℃。缓苗后逐步通风降温至白天25~30℃，夜间不低于15℃。晴好天气时，对小棚膜早揭晚盖，有利于提高光合效能。随着外界气温的升高，增加大棚通风量，在外界气温升高至20℃左右时拆除小棚，当外界气温稳定至25℃以上即可揭除大棚膜。

2. 肥水管理

嫩南瓜喜肥，生长速度快。在施足基肥的条件下，定植缓苗后应追施发棵肥，用20%~30%腐熟粪水浇施或每亩用10~15千克尿素兑水浇施，以后适当控制肥水，防止徒长。开花坐果后，每亩用20~25千克三元复合肥兑水浇施，促进果实生长。以后每间隔15天左右根据植株长势追肥一次，每次每亩用15千克三元复合肥兑水浇施，以防止植株早衰，延长采收时间。

嫩南瓜生长势旺盛，需水量较多，大棚栽培定植浇足定根水后至开花坐果前，以保持土壤见干见湿为宜。土壤湿度不足，应适当补水，一次浇水量不宜太大，以免降低地温，影响根系生长，进入开花坐果期后，要保持土壤湿润，在晴天时一般4~5天浇水一次，以促进果实的迅速膨大，但切忌大水漫灌，以免田间积水，引起渍害。

3.搭架

嫩南瓜茎蔓生长旺盛，以搭架栽培为主，可充分提高通风透光量，有利于植株的生长发育和开花坐果。搭架方式一般用较粗的竹竿搭成"人"字架，搭架一定要牢固，以免被茂盛茎蔓压垮，也可以在栽培行上面利用大棚骨架牵引一根细钢丝，然后用尼龙绳吊挂引蔓上架，引蔓上架时每隔30~50厘米绑一道蔓。

4.整枝

嫩南瓜分枝能力强，以主蔓结果为主，侧蔓过多会造成营养生长太旺，消耗过多养分，影响坐果率和商品性。因此在引蔓上架的同时将侧蔓全部摘除，主蔓连续结瓜时应适当疏果，每隔2~4个节位留1个瓜，同时摘除植株下部病残叶、老叶及畸形果，以利于通风透光、减少养分消耗。

5.人工授粉

春季大棚早熟栽培嫩南瓜，在开花坐果期需每天上午进行人工辅助授粉。早春种植时，开花坐果前期，雌花先于雄花开放，可用同期开放的西葫芦雄花涂花或用防落素涂花即可坐瓜，随着温度升高，大棚四周通风口昼夜开放后，通风量增大，昆虫活动增多，即可任其自然授粉。

图6-7　嫩南瓜春季大棚早熟栽培

（二）春季露地栽培（图6-8）

春季露地栽培是老南瓜及夏、秋季嫩南瓜生产上应用面积最大的栽培方式，其栽培管理方式如下：

1. 肥水管理

南瓜露地栽培，应在不同生育期多次追肥，满足其生长势旺盛、生育期长的养分需要。在定植缓苗后追施第1次肥料，以30%腐熟粪水追施或每亩10~20千克尿素兑水浇施，促进茎蔓生长；第2次在主蔓叶片数达17片左右时根据植株长势，每亩15~20千克三元复合肥化水浇施，长势强的少施，使植株间生长平衡；第3次在雌花坐果稳定后，每亩追施三元复合肥30千克左右，以利于坐果和果实迅速膨大。南瓜喜湿不耐涝，露地栽培南瓜，定植时应浇透定根水，定植后3~4天应浇一次缓苗水，以后适当控苗，直至开花坐果前，以见干见湿为宜。进入开花坐果期后，要经常保持田间土壤湿润，但不能积水，以免引起烂瓜或发生病虫害。

2. 搭架、整枝

嫩南瓜采用"人"字架栽培，老南瓜采用爬地栽培。嫩南瓜以主蔓结果为主，在整个生育期内要摘除全部侧枝，只保留主蔓，老南瓜前期留3~4个侧枝，后期可任其生长。

图6-8　春季露地栽培

（三）嫩南瓜秋季露地栽培（图6-9）

秋季嫩南瓜栽培正值高温多雨季节，嫩南瓜生育期短，产量相对较低，必须选择一些耐热抗病品种。秋季嫩南瓜栽培以直播为主，也可育苗移栽，播种季节依各地气候条件而定。在长江中下游地区于7月下旬到8月上中旬直播，播种后45天左右始收，全生育期80~100天。选择灌排畅通，土壤疏松肥沃，3年内未种过瓜类的田块，在播种前翻晒10~15天，施足腐熟优质农家肥3000千克，充分混匀后整地作成畦高20厘米，净畦宽1米的小高畦，长度依田块而定。播种前在畦面以行距70厘米，株距80厘米进行打孔播种，每穴播2粒，浇透水，为防止高温水分蒸发，畦面覆盖遮阳网保湿。未出苗前，土壤水分不足需补水1~2次。待嫩南瓜出苗后，及时去除遮阳网，以免光照不足引起徒长，在2~3片真叶时进行间苗，每穴保留1株壮苗。育苗移栽时，南瓜秧苗于四叶一心时定植，最好选择傍晚或多云天气定植，并覆遮阳网降温促缓苗。

秋季嫩南瓜生长前期处于高温天气，对肥水管理要求较高，不仅防止高温干旱，还要防止雨涝渍害。从出苗后到定植期间应2~3天浇水一次，经常保持土壤湿润，降低地温，促进根系正常生长。定植后追施甩蔓肥，用30%腐熟粪水或每亩15千克磷酸二铵兑水浅施，以后根据植株长势和天气

图6-9　嫩南瓜秋季露地栽培

每隔 3~5 天追施 0.3%~0.5% 浓度的氮磷钾复合肥溶液或 30% 腐熟粪水。秋季栽培嫩南瓜时病虫害发生相对严重，应在栽培的全生育期内每隔 7~10 天用 0.3% 磷酸二氢钾溶液或其他叶面肥喷施，增加叶片厚度，增强植株抗性，防止病毒病及其他病虫害的发生。秋季嫩南瓜在 5~6 片叶时就可以搭架引蔓，避免甩蔓后主蔓叶片受地面高温和雨淋而受伤。

五、采收与贮藏

（一）适时采收

嫩南瓜从开花到果实成熟仅需 5~10 天，果实膨大至 0.5 千克左右时及时采收，避免果实老化影响其商品价值，老南瓜从开花到果实成熟需 40~45 天，采收时，果柄不宜太长，以 1~2 厘米为宜，同时要尽量减少机械擦伤果面（图 6-10）。

（二）包装与贮藏

嫩南瓜对质量标准和包装要求严格，必须选择具有本品种特征、果形整齐一致、果皮色泽均匀、有光泽、无机械损伤、无病虫害斑及腐烂的果实包装入箱。包装箱应选用洁净硬质纸箱。并注明品种、质量、重量、生产日期、产地，包装后在室内整齐堆放，运输途中避免日晒、雨淋，以免品质下降。老南瓜采收后应堆放于阴凉干燥处，注意通风，防止霉变及病害发生（图 6-11）。

图 6-10　老南瓜采收　　　　图 6-11　老南瓜储藏

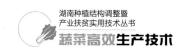

第四节　病虫害防治

一、主要病害防治

（一）猝倒病

1. 发生时期

子叶至 2 片真叶期为感病期，土壤和植株残体上的病原菌通过灌溉水或雨水传染发病。发病适温为 15~16℃，30℃以上受到抑制。

2. 症状特点

在种子出苗前后，受到该病菌侵染，造成烂种、烂芽；子叶期发病，在茎基部或中部有水渍状黄绿色病斑，后变成黄褐色，并干枯缩成线状倒地枯死，湿度较大时在病斑附近长出棉絮状菌丝。

3. 防治方法

（1）选择无病土育苗，对苗床和床土进行药剂消毒，每平方米用 25% 甲霜灵或 50% 多菌灵 5~8 克加细土 4~5 千克拌匀。施药前，把苗床底水一次性浇足后，取 1/3 药土均匀撒在床面上，播种后将余下的 2/3 药土均匀撒在床面上盖籽。

（2）加强苗床温湿度管理，苗床白天控制在 25~30℃，夜间控制在 15~18℃，播种前浇足底水，出苗至子叶平展期不浇水，以床土表层稍干为宜，如需浇水也需在晴天中午前后少量喷洒，其次要及时通风降温，防止出现秧苗徒长。

（3）发病初期拔除病苗，用 72.2% 普力克或 50% 多菌灵 800 倍液灌根，6~7 天灌一次，连续 2~3 次。也可用 25% 甲霜灵可湿性粉剂 600~800 倍液喷施，6~7 天喷一次，连续 2~3 次。

（二）白粉病

1. 发生时期

白粉病为南瓜主要常见病害，在苗期、成株期均可发病，以中后期发病较重，主要为害叶片、叶柄和茎。发病适温为 20~25℃，空气湿度大、气温

16~24℃或干湿交替时发病重。

2. 症状特点

发病初期在叶片或嫩茎上出现白色小霉斑，条件适宜时霉斑迅速扩大连片，白粉状物布满全叶，致叶片枯黄。

3. 防治方法

（1）清洁田园，清除田间的病残体、老叶，加强通风除湿，防止空气湿度过大，尤其是在浇水后要加大通风量，迅速降低棚内湿度。

（2）发病初期用百菌清烟熏剂每隔 7 天烟熏一次，连续 2~3 次，或用15% 粉锈宁可湿性粉剂 1500 倍液、10% 世高水分散颗粒剂 1500~2000 倍液、50% 甲基托布津 500 倍液、绿享 2 号 600~800 倍液交替防治，5~7 天喷一次，连喷 2~3 次。

（三）花叶病毒病

1. 发生时期

花叶病毒病为南瓜主要病害，秋季栽培时发生严重。主要由种子带毒和蚜虫、白粉虱或汁液摩擦传毒。夏季高温干旱、虫害发生严重时发病较重。

2. 症状特点

叶片发病初呈黄斑和深浅不一的斑驳花叶，严重时叶面凹凸不平，叶脉皱缩变形。新叶病状明显，发病后期茎蔓和生长点卷缩。果实感病后呈现褪绿病斑，果实凹凸不平。

3. 防治方法

（1）选用抗病品种，培育壮苗，加强栽培管理，合理轮作，收获后清除病残株，注意田间操作中手和工具的消毒，选用无病种子，播种前种子用10% 磷酸三钠消毒 20 分钟，清水冲洗后浸种 2 小时。

（2）秋季栽培时在全生育期内用 0.3% 磷酸二氢钾溶液或其他叶面肥，每 10 天叶面追肥一次，增强植株抗病性。

（3）发病初期用 20% 病毒 A 可湿性粉剂 500 倍液和 20% 毒灭星可湿性粉剂 500 倍液交替防治，7 天喷一次，连喷 2~3 次。

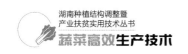
（四）疫病

1.发生时期

疫病为南瓜主要病害，一旦发病难于控制。病菌随病残体在土壤中越冬，通过雨水和灌溉水传播。发病适温为 28~32℃，在多雨湿度大、地势低洼、重茬地环境条件下容易发病。

2.症状特点

该病为害果实、茎蔓和叶片，一般果实首先发病，最初形成近圆形稍凹陷的水渍状暗绿色病斑，后呈暗褐色，随后扩展到整个果实，病瓜皱缩软腐，表面长出灰白色霉状物。茎蔓发病初呈现水渍状，扩展后整枝软化湿腐，病部以上的茎叶萎蔫枯死。叶片发病，病斑为黄褐色，湿度大时出现白色霉层并腐烂。

3.防治方法

（1）选用抗病品种，实行轮作，选择排水畅通的田块，深翻，施足优质基肥，增施磷、钾肥，采用高畦地膜覆盖栽培，及时摘除病残老叶、病果等。

（2）发病初用 75% 百菌清 500 倍液、80% 大生 600 倍液、72% 克露 800 倍液、64% 杀毒矾可湿性粉剂 500 倍液、69% 代森锰锌 1000 倍液交替防治，7 天一次，连续 2~3 次。

（五）生理性病害

1.沤根

为苗期常见病害，因苗床低温、高湿引起秧苗生长衰弱而造成沤根。采用电热温床和温室育苗，可有效防止沤根的发生。

2.化瓜

在嫩南瓜生产中普遍发生，早春大棚内化瓜较多。产生的原因主要是光照不足、温度不适宜、密度过大、肥水不当、植株长势过旺或瘦弱等。加强栽培管理，合理密植，控制适宜的温度，加强通风透光，防止徒长，可有效预防化瓜。

3. 畸形瓜

在南瓜生长后期容易发生，因营养、水分不足或不均匀，或授粉不良，造成不同部位膨大速度不一，产生畸形瓜。加强肥水管理、通风透光等工作，可防止畸形瓜产生。

二、主要虫害防治

（一）瓜蚜

1. 为害特点

瓜蚜在幼苗叶背、嫩茎、嫩叶上吸食汁液。嫩叶和生长点被害后，叶片呈煤污状，叶片卷缩，瓜苗萎蔫，生长停滞，直至枯死。成株期受害，叶片提前干枯，缩短结瓜期，造成减产。

2. 防治方法

（1）清洁田园，清除田间杂草，消灭越冬虫卵，也可用黄板黏蚜和银灰色地膜避蚜。

（2）在蚜虫为害初期用 10% 吡虫啉可湿性粉剂 2500 倍液、0.5% 克螨灵可湿性粉剂 2500 倍液喷施，隔 5~6 天喷一次，连喷 3~4 次。要及早防治，在叶背、嫩茎、嫩尖处要集中喷施。

（二）白粉虱

1. 为害特点

白粉虱以成虫和若虫群集于叶背面吸食汁液，被害叶片褪绿、变黄、萎蔫，直至全株枯死，由于群集为害，能分泌蜜露，在叶片和果实表面形成煤污病，使嫩南瓜商品性降低，造成减产。

2. 防治方法

（1）在温室大棚通风处设置防虫网和进行黄板诱杀。

（2）合理轮作，秋冬茬种植芹菜、小白菜、大蒜等品种，减少虫源，早春茬南瓜不与茄果类和豆类混作，以免加重危害。

（3）为害初期用 10% 吡虫啉可湿性粉剂 2500 倍液，25% 扑虫灵可湿性粉剂 1000~2000 倍液、25% 扑虱灵加溴氰菊酯 1000 倍液交替防治，7~10

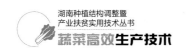

天喷一次，连续 2~3 次；也可用天赐利烟熏剂烟熏，每隔 7 天一次，连续
2~3 次。

（三）朱砂叶螨（红蜘蛛）

1. 为害特点

在植株自上而下蔓延，逐渐向周围植株扩散，成螨、若螨群集于叶背吸
食汁液，被害处叶色褪绿成枯黄色细斑，严重时叶片干枯脱落，植株枯死。

2. 防治方法

（1）清洁田园，减少虫源。在春季定植前及时清除田间杂草、残枝，消
灭越冬虫源。

（2）为害初期用 0.5% 克螨灵可湿性粉剂 2500 倍液、9.5% 螨即死乳油
1000~1500 倍液交替防治，隔 5~7 天喷一次，连喷 2~3 次。

（四）美洲斑潜蝇

1. 为害特点

美洲斑潜蝇成虫以产卵器刺伤叶片，吸食汁液，并产卵于表皮下，留下
产卵痕。幼虫潜叶危害，取食叶肉。冬季 40~55 天、夏季 15~28 天为 1 个
世代，繁殖能力强。

2. 防治方法

（1）清洁田园，定植前和定植后定期彻底清除田间及周边杂草、病虫残
叶。利用夏季高温闷棚 15~20 天，减少或消灭虫源。

（2）利用黄板诱杀美洲斑潜蝇成虫，在田间、大棚、温室内悬挂 0.5 米 ×
0.4 米黄板，每隔 7~10 天涂一层机油，每亩挂黄板 30~40 块，高度与植株
高度相同。

（3）为害初期用天赐利烟熏剂烟熏，5~7 天一次，连续 2~3 次，或用
1.8% 阿巴丁乳油 2500~3000 倍液、1.0% 阿维虫清 1500 倍液，98% 可湿性
巴丹 2000 倍液交替防治，每 5~7 天喷一次，连喷 2~3 次，喷药时间一般在
上午 8~10 时效果较好。

（五）瓜实蝇

1. 为害特点

成虫以产卵管刺入幼果表皮内产卵，幼虫孵化后即钻进瓜内取食。受害瓜先局部变黄，而后全瓜腐烂变臭，大量落瓜。即使不腐烂，刺伤处凝结着流胶，畸形下陷，果皮硬实，瓜味苦涩，品质下降。

2. 防治方法

（1）毒饵诱杀成虫：用香蕉皮或菠萝皮（也可用南瓜、番薯煮熟经发酵）、90% 美曲磷酯和香精加水调成糊状毒饵，直接涂在瓜棚篱竹上或装入容器挂于棚下，每亩田 20 个点，每点放 25 克，诱杀成虫。

（2）套袋防虫：嫩南瓜生产上，瓜实蝇发生严重时，将幼瓜套入纸袋或塑料袋，避免成虫产卵，并及时摘除被害瓜，对烂瓜、落瓜喷药处理后深埋。

（3）药剂防治：在成虫盛发期喷洒 21% 噻虫嗪乳油 1000 倍液、25% 溴氰菊酯 3000 倍液、50% 地蛆灵 2000 倍液，每 3~5 天喷一次，连喷 2~3 次。中午或傍晚时喷药效果较好。

（六）瓜绢螟

1. 为害特点

成虫体长约 11 毫米，尾部具有黄褐色毛丛，白天在花间吸食花蜜。低龄幼虫取食嫩叶，使叶片正面呈现灰白斑。3 龄后幼虫吐丝卷叶为害，将叶片吃成穿孔或缺刻，幼虫还常啃食花蕊柱头和瓜肉，影响品质。

2. 防治方法

（1）清洁田园，销毁残枝枯叶，消灭虫源。

（2）对低龄幼虫用 10% 氯氰菊酯 1500 倍液、5% 锐劲特胶悬剂 2000~2500 倍液、1.8% 阿维·高氯乳油 1000 倍液、52.5% 农地乐乳油 1000 倍液，交替防治。

参考文献

［1］粟建文，胡新军，袁祖华，等.环洞庭湖区兴蔬蜜宝南瓜高产高效栽培技术［J］.长江蔬菜，2008，12：22-23.

［2］王运强，戴照义，郭凤，等.湖北省无公害南瓜栽培技术规程［J］.长江蔬菜，2015，13：33-34.

［3］粟建文，胡新军，袁祖华，等.蜜本南瓜栽培管理技术［J］.辣椒杂志，2011，2：48-49.

［4］罗学梅.蜜本南瓜高产栽培技术Ⅲ［J］.吉林蔬菜，2010（2）：14-15.

［5］李大仁，赵建春.蜜本南瓜栽培技术［J］.农村科技，2008（3）：42.

［6］徐建国.蜜本南瓜栽培技术［J］.现代农业科技，2011，4：120-122.

第七章
冬瓜种植技术

周火强

冬瓜是葫芦科冬瓜属中的栽培种，一年生攀缘性草本植物，较耐热、产量高。贮运性好，货架期长。

第一节　冬瓜对环境条件的要求

一、温度

冬瓜是喜温蔬菜，耐热性强，怕寒冷，不耐霜冻，只能安排在无霜期内生产。冬瓜生长发育的适温为25~30℃，成株可忍耐40℃左右的高温。长期低于15℃，则叶绿素形成受阻，同化作用能力降低，影响开花授粉。幼苗忍耐低温的能力较强，早春经过低温锻炼的幼苗，可忍耐短时间的3~5℃低温。冬瓜生育期积温在3100~3550℃时可正常发育，开花、结果。冬瓜植株的不同生育期对环境温度的要求不同，种子发芽期，以30~35℃发芽最快，发芽率最高；当温度降到25℃时，不仅发芽时间延长，而且发芽不整齐。

二、光照

冬瓜属于短日照植物，也有人认为其属于中光性作物。但实际上经过长期栽培的品种，适应性较广，已对日照要求不太严格，只要其他环境条件适宜，一年四季都可以开花结果，特别是小果型的早熟品种，在光照条件很差的保护地栽培，也能正常开花结果。冬瓜在正常的栽培条件下，每天有10~12小时的光照才能满足需要。植株旺盛生长和开花结果时期要求每天12~14小时的光照和25℃以上的温度，才能满足光合作用效率最高、生长发育最快的需要。幼苗在低温短日照条件下，有促进发育的作用，可使雌花和雄花发生的节位降低。而在早春育苗时，温度为15℃、日照为11小时左右的条件下培育出的幼苗，在第5、第6节便发生雌雄花，有的甚至出现第一节雌花。这种促进雌花提早发生的特性，在利用大瓜型晚熟冬瓜作早熟高产栽培时，可加以利用。

三、水分

冬瓜是喜水、怕涝、耐旱的蔬菜。因为它具有繁茂宽阔的叶片，蒸腾面积大，花多瓜大，发育快，消耗水分多，需要补充大量水分。冬瓜的根系发达，根毛细胞的渗透压大，吸收能力很强，根际周围和土壤深层的水分均能吸收，加上地上部的茎叶表面具有许多茸毛，亦能减少体内水分的蒸腾。所以，它又有较强的耐旱能力。据实践观察，田间积水4小时以上时，就有可能发生植株死亡现象。冬瓜要求适宜的土壤湿度为60%~80%，适宜的空气相对湿度为50%~60%。冬瓜在不同的生育时期，需水量不一样，一般在种子播种发芽出土时期，土壤含水量保持80%，幼苗期保持在60%~70%为宜。随着植株的生长发育，对水分的需求量逐渐增加，到开花结果期，叶蔓迅速生长，不断开花坐果，特别是在定瓜以后，果实不断增大、增重，需要水分最多，这时期就要根据天气情况、下雨多少和土壤墒情浇水，保持土壤见干见湿。到了果实发育后期，应逐渐减少浇水，特别是采前1周左右，应停止浇水，否则果实品质降低，不耐贮藏。

四、土壤及营养

冬瓜是一种对土壤适应性很广的蔬菜，可以在沙土、壤土和黏土地上生长，但以在理化性状好、肥沃疏松、透水透气性良好的沙壤土生长最理想，有利于冬瓜根系的生长；同时，沙壤土地雨后很快就能排出积水，可减轻疫病与枯萎病对冬瓜的危害。沙壤土在早春时期地温上升快，有利于栽培早熟冬瓜。另外，在黏土与水田改的菜地里栽培冬瓜，要挖好排水沟渠，以便随时排出积水。

冬瓜植株耐酸耐碱的能力较强，在土壤 pH 值为 5.5~7.6 时均能适应。在盐碱地上种冬瓜，冬季应深耕晒土，春季要早耙做畦防止返碱，再配合多施有机肥、勤中耕等措施，也能获得高产。粮田改的菜地，土壤内疫病病菌和枯萎病病菌少，冬瓜后期发病机会也较少。

第二节 类型与品种

栽培冬瓜的品种类型很多，生产上主要分为大型冬瓜和小型冬瓜（节瓜），其中大型冬瓜又分为青皮冬瓜、粉皮冬瓜，青皮冬瓜表面无白色蜡粉，不耐日灼，中后期注意防晒。

一、青皮冬瓜

1. 湘潭撑棚冬瓜

该品种为湘潭地方品种。植株生长势强，主蔓第一雌花着生在第 18 节左右，以后每隔 4~6 节现一雌花。果实长圆柱形，长约 120 厘米，横径 16~20 厘米，产量高（图 7-1）。适合搭架栽培。

2. 铁柱 168

该品种为广东农科院蔬菜研究所育成的杂交品种，果实长炮弹形，墨绿色，一般单瓜重 20~25 千克，横径 23~25 厘米，瓜长 70~90 厘米，肉质致密，内腔小，耐贮运（图7-2）。田间表现抗枯萎病、疫病。

3. 桂蔬6号

该品种为广西农科院蔬菜研究所选育的冬瓜杂交种，成熟果实呈深墨绿色，耐贮运（图7-3）。瓜长80~90厘米，横径约20厘米，肉厚5.0~5.5厘米，单瓜重15~20千克，整齐一致，商品率好，坐果率强。

4. 墨地龙

该品种为湖南省蔬菜研究所选育的冬瓜杂交种，第一雌花着生在第15节左右。果实特长炮弹形，深墨绿色，瓜长90厘米左右，横径20~25厘米，肉厚约6厘米，耐贮运，单瓜重15~35千克（图7-4）。

5. 黑牛

该品种为湖南省蔬菜研究所选育的冬瓜杂交种。果实炮弹形，墨绿色，一般瓜长75~85厘米，横径22~25厘米，肉厚5~7厘米。内腔小，肉质致密，适宜加工，耐贮运。抗逆性强，产量高。

图7-1　湘潭撑棚冬瓜　　　图7-2　铁柱168

图7-3　桂蔬6号　　　　图7-4　墨地龙

二、粉皮冬瓜

1. 铁杆粉斯

该品种为湖南省蔬菜研究所选育的冬瓜杂交种，植株生长势强，主蔓第一雌花着生在第 18 节左右，一般每隔 4~6 节现一雌花。果实长圆柱形，瓜长 75~80 厘米，横径约 22 厘米，肉厚约 5 厘米（图 7-5）。瓤腔较小，耐贮运，商品性好，产量高。

2. 粉地龙

植株生长势强，主蔓第一雌花着生在第 18 节左右，以后每隔 4~6 节现一雌花。果实长圆柱形，长约 100 厘米，横径 16~20 厘米，肉厚 4.5~5 厘米，单瓜重 15~25 千克，内腔较小，产量高（图 7-6）。适合搭架栽培。

图 7-5　铁杆粉斯　　　　　　图 7-6　粉地龙

三、小冬瓜（节瓜）

1. 芋香冬瓜

该品种属于中小型冬瓜。肉质绵软、细腻，煮熟后可散发出自然芋香，风味怡人。单瓜重 1.5~2 千克，老熟瓜重可达 2.5~4 千克，1 株多瓜，适合小家庭食用，亦可作为冬瓜盅（图 7-7）。耐高温，可在热带地区种植，贮运性佳。

2. 小家碧玉

该品种为湖南省蔬菜研究所选育的冬瓜杂交种，主侧蔓均可坐瓜。瓜皮绿色，老熟瓜有白色蜡粉，肉嫩绿，瓜腔小，瓜肉致密，品质佳，食味脆爽，春季结瓜节位 12~18 节，后劲非常足（图 7-8）。瓜长约 28 厘米，瓜径约 10 厘米，瓜长 20 厘米左右可以采收，老熟瓜、嫩瓜均可食用。

图 7-7　芋香冬瓜

图 7-8　小家碧玉

第三节　播种与育苗

冬瓜一般都是先育苗再定植大田。长株潭地区冬瓜正常栽培一般在 3 月上中旬播种。播种方法有两种：一是将种子播于预先准备好的苗床内，待子叶张开后移苗于营养钵（为保证全根定植，要求采用 9 厘米 ×9 厘米及以上的营养钵）中或 72 孔以下育苗盘中；二是直接将种子播种在营养钵或育苗盘中，每钵播 1~2 粒。育苗时温度不低于 15℃，如果达不到此温度，可用地热线或水炉加温。有条件的可采用培养箱催芽，28~30℃催芽 72 小时左右即可发芽。一叶一心或二叶一心时定植。

一、种子消毒与催芽

用 50% 多菌灵 500 倍液浸种 1 小时，然后用清水洗净，再用 55℃温水浸种 30 分钟，经清水洗净无异味无黏液后用干净纱布或薄毛巾包好，置于 30℃下催芽，待种子露芽 3~5 毫米即可播种。

二、育苗土准备

营养杯土或苗床土可以采用商用育苗基质或购买草炭、珍珠岩和泥土按 2∶1∶1 拌匀进行育苗。泥土应采用新泥或塘泥，若取自本田，则要进行土壤消毒：每 50 千克土用农用福尔马林 100~150 克加水 25 千克，淋湿拌匀后用塑料薄膜覆盖密封 5~7 天，之后揭膜，耙平翻晒 7~14 天，让残留的福尔马林充分挥发后再行播种；药土撒施法：按每担土拌 0.5 千克药（50% 福美双可湿性粉剂或 50% 多菌灵可湿性粉剂）制成药土；或用 50% 多菌灵可湿性粉剂，或 75% 敌克松原粉、64% 杀毒矾可湿性粉剂 500 倍液喷洒床土，1 平方米床土用药量 25~30 克。

三、播种

播种前一天要将钵中营养土浇透，播种深度约 1 厘米（3 粒冬瓜籽的厚度），每个营养钵播发芽种子 1~2 粒，种子要平放或芽尖向下，播后随即盖上遮阳网或稻草等覆盖物；若遇寒潮或阴雨天气，则宜用塑料薄膜覆盖。白天棚温保持在 30℃左右，夜间不低于 15℃。出苗后白天棚温保持在 20~25℃，夜间 10~15 ℃。播种后至出苗前，要注意浇水，但切勿水分过多，以防沤种烂根，只须保持土壤潮湿即可。出苗 70% 左右时，要及时揭除覆盖物。在幼苗破心前适当控制水分，促进根系生长；破心后经常保持营养土呈半干半湿状态，使瓜苗稳健生长。25~30 天即可移植入大田，种植前 2~3 天，可用 10% 稀薄人粪水和 80% 代森锌 800 倍液或 75% 百菌清 600 倍液淋苗，做到带肥带药移植。定植前 7 天左右，要加强炼苗。

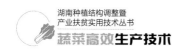
第四节　栽培模式

冬瓜喜温、耐热，为获得丰产，应选择冬瓜坐果和果实发育的适宜气候条件栽植。气候条件对冬瓜坐果率的影响最大，因此，在季节安排方面要特别注意。天气晴朗，气温较高，湿度较大等条件有利于坐果；空气干燥，气温低和阴雨天，昆虫活动少，不利于授粉；且降低柱头的受粉能力，因而坐果差。根据冬瓜对光温条件需求的特点，确定播种种植方式。冬瓜可设施栽培和露地栽培，一般采用以下三种栽培方式：爬地栽培、平棚栽培和搭架栽培。

一、爬地栽培

植株爬地生长，行距大，一般每亩种植300株左右，土宽6米，株距70厘米，茎基部留1~2个侧蔓，双行相向引蔓，结果后任其生长。其优点是费工少，成本低。缺点是果实着色不匀、大小不一致，可分2~3批采收（图7-9）。

二、平棚栽培

植株抽蔓后用竹木搭棚引蔓，主要以小冬瓜栽培为主，植株上棚以前摘除侧蔓，上棚以后茎蔓任其生长。棚冬瓜的坐果比地冬瓜好，果实大小比较均匀，单位面积产量一般比地冬瓜高，但基本上仍是利用平面面积，不利于密植高产，一般只能在瓜蔓上棚前间套种，不能充分利用空间，且搭棚材料多，成本高。近年来，为节省材料、用工等成本，开始推广一种改良式的网棚架：先用木桩、铁丝搭一个基本棚架，再覆盖编织好的尼龙丝网（图7-10）。

三、搭架栽培

支架的形式有多种。有"一条龙"（图7-11）：每株一桩，在120~150厘米高处，用横杆连贯固定；有"人字架"（图7-12）；有"一星鼓架龙眼"和"四星鼓架龙眼"：用三根或四根竹竿搭成鼓架，各鼓架上用横杆连贯固定，一株一个鼓架。架冬瓜形式虽多种多样，但都结合植株调整，较好地利用空间，提高坐瓜率并使果实大小均匀，有利于提高产量与质量；也利于间套作，增加复种指数，又比棚冬瓜节省架材，降低成本。在目前条件下，搭架栽培是三种栽培方式中比较合理、科学的一种方式。

图 7-9　爬地栽培

图 7-10　平棚栽培

图 7-11　一条龙架式

图 7-12　人字架栽培

栽植密度：冬瓜的栽植密度因品种、栽培方式与栽培季节而不同。小型冬瓜单位面积产量是由每亩株数、单株结果数和单果重三方面构成的，适当密植可以提高产量。大型冬瓜品种多数每株一瓜，它的单位面积产量是由每亩株数和单瓜重量两个因素构成的，所以，应在保障单瓜重量的基础上适当密植。爬地栽培冬瓜植株蔓叶在地面生长，不便于植株调整，不宜密植；平棚栽培冬瓜基本上也是平面生长，也不利于密植；搭架栽培冬瓜能利用空间生长，结合植株调整和引蔓则有利于密植。目前生产上栽培的冬瓜品种多为大型品种，采取平棚架栽培一般畦宽约 350 厘米（连沟），双行定植，株距 70~80 厘米，每亩种植 500 株左右；搭架冬瓜栽培方式一般行株距为 150 厘米 ×（70~80）厘米，每亩可种植 600~800 株；爬地冬瓜一般畦宽 500~600 厘米（连沟），双行定植，株距 70~80 厘米，每亩种植 200~300 株。冬瓜的种植密度与肥水管理水平也有关系。肥料充足、排灌方便，管理水平高，则应着重于长大瓜，以争取高产、优质，而不宜太密。在摘除全部侧蔓的基础上，主蔓打顶比不打顶可以密些。为提高坐瓜率，减少"空藤"，有必要进行人工辅助授粉，及时防治影响坐瓜的瓜实蝇（针蜂）和蓟马。

第五节　种植

一、土壤选择

种植冬瓜应选择排水方便，土层深厚，肥沃的沙壤土或黏土，前作物为三年以上未种瓜类作物的田块，而前茬为水稻更佳。冬瓜的根系非常发达，且生长期长，为了获取较高产量，必须选择土层深厚，有机质丰富，pH 值为 6~6.5 的沙壤土或黏土种植；同时，为了避免冬瓜前期倒春寒，中期夏雨，后期干旱，以选择背北向南，排灌方便的田块为宜。

瓜地选好后，应尽早深翻耕耙，其深度以 30 厘米左右为好。春季栽培的冬瓜，以排灌方便的晚稻田为好。在晚稻收割后应及早犁田晒白冻垡，植前再耕耙整细。冬瓜的生长期较长，且根系的吸收能力强，因此，应施足基肥。基肥一般以优质农家肥为主，每亩 2000 千克以上，饼肥 30~50 千克，钙镁磷肥 40~50 千克，经堆沤后拌匀沟施或穴施，并与土壤充分混匀后定植。对于壤质土或黏质土，在有条件时，每亩还可用三元复合肥 30~40 千克、尿素 15~20 千克，进行全层混施，以满足养分的均衡供给。而对沙质较重的土壤，则应减量施用，以防引起肥害。

二、地膜覆盖

冬瓜地膜覆盖栽培，由于能创造出较优越的温、光、水、肥、土等栽培环境条件，促进了冬瓜的根系和植株的生长与发育，减轻了病虫草及寒冷、干旱、暴雨等的危害。因而，能获得明显的增产效果。

地膜覆盖栽培，其方式一般只在种瓜垄上覆盖即可。地膜幅宽选用150~200厘米，颜色有白色、黑色及银灰色等多种。白色膜增温效果好，但杂草易于生长，覆膜前必须先喷一次芽前除草剂，如丁草胺或乙草胺等，每亩用药量为75~100毫升，兑水约30千克喷土面，然后再覆膜；黑色膜增温效果稍差，但可以防止杂草发生；银灰色膜则能驱避蚜虫，减少病毒病的发生和传播。覆膜前，一定要注意将地整平整细，施足基肥，并保持土壤湿润。覆膜时，一定要拉平薄膜，并用土压紧膜边。覆膜后定植时，要注意淋足定根水，并将开口处用细土封盖好。此后注意不能使膜内湿度过大，以免造成沤根。

三、水肥管理

冬瓜生长期长，产量高，需肥水量较大。抽蔓期以前需要肥水较少，而在开花结果特别在结果以后需要充足的肥水。引蔓上架前占施肥总量的30%~40%，授粉至吊瓜占60%~70%，采收前20天应停止施肥。一般幼苗期薄水薄肥促苗生长，抽蔓至坐瓜肥水不宜多，要适当控制，以利于坐瓜。定瓜后肥水要充足，以促进果实膨大，应在15~25天内连续追施2~3次重肥。大雨前后要避免施肥和偏施氮肥，以免引起病害。冬瓜定植活棵后，要以水带肥促早发。施肥原则：尽量多施有机肥，少施或不施化肥，整个生育期每亩约需人畜粪5000千克。

冬瓜需要充足的水分，但又有一定的抗旱能力，干旱时，要及时供应水分，最好的方法是浇水（早期），在后期应尽量采用沟灌，使水分慢慢渗透到耕作层中，但沟内存水时间不能过长，一般不超过4小时。

第六节 绿色防控

冬瓜的主要病害有疫病、蔓枯病、枯萎病、绵疫病、白粉病、猝倒病等，主要虫害有蚜虫、瓜绢螟、蓟马、斑潜蝇、白粉虱和黄守瓜等。

一、冬瓜主要病害与防治技术

（一）疫病

（1）为害特点：主要为害果实，染病果实患病部呈水渍状病变，发病与健康部位交界处出现一圈白色霉层。剖开病瓜，可以看见患病部位皮下瓜肉亦呈褐色病变，严重时导致果实腐烂（图7-13）。

图 7-13 冬瓜疫病

病菌以菌丝体和卵孢子随病残体遗落在土壤中存活越冬，依靠雨水传播侵染致病，温暖多湿的天气有利于发病。在潮湿、雨季或积水的情况下，病害发生严重。

（2）防治：选用抗病品种种植；实行3~4年以上的瓜菜或瓜粮轮作，压低土壤病菌数量；忌大水漫灌，及时拔除发病株，病穴用石灰消毒，及时摘除病瓜销毁；喷药防治要以预防为主，未发病前即需定期或不定期施药，可使用10%氟噻唑吡乙酮和58.75%的噁酮·锰锌1000~1500倍液喷施，效果较好。

（二）枯萎病

（1）为害特点：成株发病时，初期下部叶片萎蔫，茎基部产生水浸状黄褐色纵裂，高湿时病部表面产生白色或粉红色霉；茎基部维管束变褐色。其病原菌可在土壤及未腐熟的有机基质中存活5~7年。

（2）防治：选抗病性较强的品种，水旱轮作，并选地势高、排水好的地块种植。种子药剂：播种前用25%咯菌腈40毫升兑水100毫升拌10千克种子；严禁大水漫灌，雨后及时排水；发现病株及时连根铲除，收瓜后将瓜藤集中堆沤处理，以减少田间病原菌。并在病穴撒施石灰，防止病菌扩展蔓延。药剂防治：发病初期每亩用32.5%苯甲·嘧菌酯30~40毫升叶片均匀喷雾。冬瓜的枯萎病为毁灭性的土传病害，防治枯萎病应采用综合治理措施（图7-14）。

（三）猝倒病

（1）为害特点：主要为害育苗畦中的幼苗。种子在出土前被侵染表现为烂种；幼苗发病茎基部呈水渍状暗色病斑，病部缢缩呈线状倒伏。

（2）防治：选择地势高，水源方便，前茬未种过瓜类蔬菜的地块育苗；苗床湿度控制在60%~80%，可减少病害的发生。喷药防治，幼苗发病初期，用25%咯菌腈300倍液喷施或浇灌畦面，每7~10天喷一次（图7-15）。

图7-14　冬瓜枯萎病　　　　图7-15　冬瓜猝倒病

（四）蔓枯病

（1）为害特点：叶片上病斑近圆形或不规则形，有的自叶缘向内呈"V"字形，淡褐色，后期病斑易破碎，常龟裂，干枯后呈黄褐色至红褐色，病斑轮纹不明显，上生许多黑色小点。茎蔓上病斑椭圆形至梭形，油浸状，白色，有时溢出琥珀色的树脂胶状物。病害严重时，茎节变黑，腐烂、易折断，病部以上枝叶萎蔫枯死。在连续阴雨、瓜田积水、重茬地、植株过密和通风透光差等情况下发病严重。

（2）防治：与非瓜类作物实行 2~3 年轮作。种子处理：用种子重量 0.3% 的 50% 福美双可湿性粉剂拌种；高畦栽培，地膜覆盖，雨季加强排水；清洁田园，集中销毁病残株体。药剂防治：在发病初期，可使用 75% 百菌清可湿性粉剂 600 倍液 +70% 甲基托布津 600 倍液，或 70% 丙森锌 600 倍液 +70% 甲基托布津 600 倍液 +50% 异菌脲 800 倍液，每 5~7 天喷一次，连续喷 3~4 次（图 7-16）。

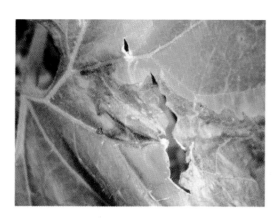

图 7-16　冬瓜蔓枯病

（五）绵疫病

为害特点：多见于果实表面，水浸状斑，扩散，长白霉，烂瓜。高温高湿条件易发。药剂防治：用 1∶1∶200 石灰等量式波尔多液喷雾，或 75% 百菌清 600 倍液喷雾，或 50% 托布津 1000 倍液喷雾（图 7-17）。

（六）白粉病

为害特点：主要发生在叶片上，受害的植株下部叶片两面都长出小圆形粉状霉斑，而后逐渐扩大，连成一片。发病后期整片叶子布满白粉。尤其当高温干旱与高湿条件交替出现。药剂防治：每亩用20%嘧菌酯20~30毫升均匀喷雾。每7~10天喷一次，连用2~3次（图7-18）。

图7-17　冬瓜绵疫病

图7-18　冬瓜白粉病

二、冬瓜主要虫害与防治技术

（一）蚜虫

1. 发生特点

适宜发生气温为16~22℃。对黄色有较强的趋性。高温高湿对蚜虫繁殖不利。为害主要发生在春末夏初。

2. 防治

薄膜（银灰色）覆盖栽培，减轻虫害；黄板诱杀。化学防治：发生早期使用22%噻虫·高氯氟5~10毫升/亩或40%氯虫·噻虫嗪8~10克/亩兑水喷施，或用10%氯氰菊酯2000倍液、20%吡虫啉3000倍液等喷施。因蚜虫容易产生抗药性，防治时要轮换用药（图7-19）。

图7-19　蚜虫

（二）瓜绢螟

1. 发生特点

1~3龄幼虫在叶背啃食叶肉，叶片呈灰白斑，遇惊即吐丝下垂转移他处为害。3龄后吐丝将叶片左右缀合或将嫩梢缀合，匿居其中取食，叶片穿孔或形成缺刻，严重时仅留叶脉；幼虫能潜蛀瓜蔓或蛀食幼瓜和花，造成茎蔓枯死或幼瓜腐烂和花脱落。

2. 防治

图7-20 瓜绢螟

成株期，用糖醋液（糖、醋、酒、水比例为3:4:1:2）加少量美曲磷酯装入盆中诱杀。或20%米满悬浮剂1500~2000倍液喷雾，或10%除尽悬浮剂3000倍液喷雾（图7-20）。

（三）白粉虱

1. 发生特点

主要以成虫和幼虫群集在冬瓜叶背吸食植物汁液，使叶片褪绿变黄，萎蔫致死。成虫活动适宜温度22~30℃；成虫具有趋光性，喜黄性。

2. 防治

黄板诱杀白粉虱；育苗及移栽前，用DDV等熏杀大棚残留虫子，通风口设防虫网防虫。喷药防治：发生初期每亩用22%噻虫·高氯氟5~10毫升或40%氯虫·噻虫嗪8~10克兑水喷施（图7-21）。

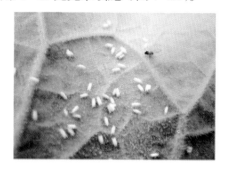

图7-21 白粉虱

（四）蓟马

1. 发生特点

以成虫、幼虫锉吸作物心叶、嫩芽；被害植物生长点萎缩，心叶不能张开，幼瓜受害畸形，毛茸变黑，严重的落瓜，成瓜受害，皮毛粗糙有斑迹，或带有褐色波纹。成虫具迁飞性和喜嫩绿的习性，花期为害较重。

图 7-22　蓟马

2. 防治

生长期间及时清除杂草，减少虫源寄主，加强肥水管理，以减轻为害。药剂防治：夏秋瓜 3~4 叶时喷药，每 5~7 天一次，连续用药 5 次。每亩可用 22% 噻虫·高氯氟 5~10 毫升或 40% 氯虫·噻虫嗪 8~10 克兑水喷施（图 7-22）。

（五）潜叶蝇

1. 发生特点

雌成虫把叶片刺伤，吸食汁液和产卵，幼虫钻入叶片和叶柄，产生不规则的虫道，破坏叶绿素，影响光合作用。幼虫活动最适温度为 25~30℃，超过 35℃成虫和幼虫活动受到抑制。夏季发生轻，春秋季发生重。

图 7-23　潜叶蝇

2. 防治

秋季发生较重地区，温室改种韭菜、甘蓝、菠菜等非寄主作物。适时灌水深耕浸泡灭蝇蛹；在成虫高峰期至卵孵化盛期，或初龄幼虫高峰期用药。每亩可用 40% 氯虫·噻虫嗪 8~10 克或 5% 灭蝇胺悬浮剂 4000 倍液或 1.8% 虫螨克乳油 2000 倍液喷雾（图 7-23）。

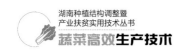
第七节　采收与贮藏

一、采收标准

小冬瓜早熟栽培主要为了提前供应市场，以嫩瓜采食为主，一般在冬瓜花谢之后 15~20 天就可采收，单瓜重 1.0~1.5 千克。大冬瓜品种，一般要等其成熟后采收，即瓜形已大，瓜毛稀疏时采收。大冬瓜品种一般在坐果后 40~50 天，黑皮冬瓜皮色发亮墨绿色，粉皮冬瓜上粉均匀，而植株大部分叶片保持青绿而未枯黄，选择晴天的上午采收。采收前 7~10 天，生长田应停止灌水和喷洒农药，在天气凉爽时用剪刀剪摘（最好选择早晨进行），留 3~5 厘米的瓜柄。也可根据市场的供求情况，适当提前采收上市。为了均衡供应市场，还可通过贮藏延长供应时间。搬运时应轻拿轻放，严防擦伤、碰伤，严防抛落、滚动（振动过大，会造成冬瓜内部损伤），否则不耐贮运。

二、贮藏

（一）贮前准备

冬瓜的含水量较高，嫩瓜及过分成熟的瓜都不宜贮藏。适宜贮藏的冬瓜标准是：皮厚、肉厚、质地致密、品质较好，表面青皮发亮，布满蜡质，晚熟大型品种。九成熟时采摘。

（二）贮藏窖库的准备

冬瓜属冷敏性蔬菜，喜温耐热，不耐低温，低于 10℃就会发生冻害。贮藏冬瓜的适宜温度为 10~15℃，相对湿度为 70%~75%。贮藏窖库要便于通风、换气，要具有恒温性高、凉爽、通风简便、干湿度易控制等特点。冬瓜入库前 2~3 天应用高锰酸钾密闭烟雾熏蒸窖库，全面进行消毒灭菌处理。

（三）贮藏方法及注意事项

选择具有商品性、无破损的成熟冬瓜于库内堆贮或架贮。堆贮的冬瓜应先在库底垫上干草或草帘，然后在上面摆放冬瓜，一般不超过 3 层，以免压伤损坏。架贮冬瓜因通风较好，相应比堆贮的要好，架贮冬瓜时也应在贮架上先铺垫干草等柔软的垫料，然后再将冬瓜摆上去。贮藏期间，特别是冬瓜刚入库时，应注意加强通风，在中午气温较高时，一定要打开库窗进行通风换气，这样既有利于散热降温，又可排出湿气，降低环境湿度，保持库内干燥状态（图7-24，图7-25）。

图7-24　冬瓜室外贮藏

图7-25　冬瓜室内贮藏

参考文献

[1] 周火强. 湖南农作物生态种植技术 [M]. 长沙：湖南大学出版社，2018：56-66.

[2] 刘宜生. 冬瓜南瓜苦瓜高产栽培 [M]. 北京：金盾出版社，2005：1-68.

第八章
豇豆种植技术

艾辛

豇豆 [*Vigna unguiculata*(L.)Walp] 又名饭豆、蔓豆、泼豇豆、黑脐豆,属豆科豇豆属一年生草本,起源于亚洲东南部热带地区,我国已栽培了1400多年。豇豆营养丰富,是我国南北种植的主要蔬菜之一,它的嫩豆荚肉质肥厚脆嫩,以炒食为主,也可凉拌、腌泡、速冻等。豇豆品种丰富,可排开播种,分期收获,适合湖南春、夏、秋季种植,由于其属藤蔓作物,对镉的富集能力弱,是湖南省重金属污染区农业结构调整的首选作物之一。

第一节　豇豆对环境条件的要求

一、温度

豇豆属耐热蔬菜,不耐霜冻,要在断霜后才宜播种或移栽。种子发芽最低温度为 8~12 ℃,发芽适温为 25~30 ℃,植株生长适温为 20~25 ℃,开花结荚适温为 25~28 ℃,较耐高温,35 ℃以上仍能正常生长和开花结荚。豇豆对低温敏感,15 ℃左右生长缓慢,10 ℃以下生长明显受抑制,5 ℃以下植株受冻,0 ℃时死亡。

二、光照

豇豆属短日照作物，多数品种对日照长短要求不严格，但红豇豆对日照时间要求严格。缩短日照有提早开花结荚、降低开花节位的趋势。豇豆是喜光作物，在开花结荚期间需要良好的日照，如光照不足，则会引起落花落荚。

三、水分

豇豆根系深，吸水能力强，叶片蒸腾量小，较耐干旱。豇豆生长期要求适量的水分，随着植株的长大，需水量逐步增加。种子发芽时需要一定的水分，过分干旱会影响出苗，但如水分过多，易使种子腐烂，造成缺苗。豇豆在生长期水分过多，易引起叶片发黄和落叶现象，甚至烂根、死苗和落花落荚，也不利于根瘤苗的活动。但在开花期要控制水分，但开花期过分干旱，也会引起落花，因此要注意适当浇灌，结荚期则要有较充足的水分。

四、土壤及营养

豇豆根系对土壤的适应性广，只要排灌良好的疏松土壤，均可栽培，但以土层深厚、土质肥沃、排水良好、透气性好的中性沙质土壤为好，过于黏重和低湿的土壤不利于根系的生长和根瘤的活动。豇豆适于 pH 6.2~7 的土壤种植，土壤酸性过强，会影响植株的生长发育。豇豆忌连作，最好选择三年内未种过棉花和豆科植物的地块。

豇豆苗期需肥少，但对缺肥很敏感。豇豆植株生长前期，由于根瘤尚未充分发育，固氮能力弱，应该适量供应氮肥。豇豆植株生长的分枝期到盛花期对氮元素的吸收达到高峰，进入结荚期对磷、钾肥的吸收量增加，根瘤菌的固氮能力增强，这个时期由于营养生长与生殖生长并进，对各种营养元素的需求量增加。豇豆生长过程中需钾素营养最多，磷素营养次之，氮素营养相对较少。每生产 1000 千克豇豆，需要纯氮 10.2 千克，五氧化二磷 4.4 千克，氧化钾 9.7 千克。

第二节　类型与品种

一、类型

豇豆茎有矮生、半蔓生和蔓生 3 种类型，生产上以蔓生品种为主。

（1）蔓生型豇豆（图 8-1）　主蔓、侧蔓均为无限生长，叶腋间可抽生侧枝和花序，陆续开花结荚，生长期长，产量高。

（2）矮生型豇豆（图 8-2）　主茎 4~8 节后以花芽封顶，茎直立，植株矮小，株高 40~50 厘米，分枝较多。生长期较短，成熟早，产量较低。

豇豆果实为荚果，每一花序一般结荚 2~4 个，荚长 30~100 厘米，粗 0.7~1.0 厘米，近圆筒形，故有长豇豆之称。果荚有青色、绿色、浅绿色、紫色等，每荚含 8~20 粒种子。

图 8-1　蔓生型豇豆　　　　　　　　图 8-2　矮生型豇豆

二、品种

1. 海亚特

海亚特为江西华农种业有限公司选育的品种，2007 年 12 月通过江西省农作物品种审定委员会审定。属早中熟品种，春季种植全生育期 95~103 天。该品种植株蔓生，生长势强，整齐一致。主侧蔓均可结荚，以主蔓结荚为主，分枝力中等，主蔓长 250~300 厘米。叶色深绿，长卵圆形，始花节位在第 4~5 节，中上层结荚集中，连续结荚能力强。商品荚嫩绿色，荚长 65~70 厘米，荚粗 0.85 厘米，单荚重 40 克左右，豆荚整齐一致，商品性好。质脆、爽口、风味好。种皮红褐色、肾形。春季生产种植，每亩平均产量 2897.5 千克，比对照之豇 28-2 增产 37.9%；夏季生产种植，每亩产量约 2838.3 千克，比对照之豇 28-2 增产 43.8%。

2. 宁豇 3 号

宁豇 3 号以之豇 28-2 和白豇 2 号的优良单株为亲本，经杂交系选育而成，江苏省农作物品种审定委员会审定。该品种植株蔓生，分枝 4~5 个，叶片中等大小，生长势强，主侧蔓可同时结荚。始花节位在主蔓第 2~3 节，侧蔓第 1 节，属极早熟品种。序成性好，坐荚率高。一般单株 16 节以下可着生 8~10 个花序，每序有 2~3 荚。嫩荚绿白色，宁豇 3 号顶尖红色，荚面平整，荚长 70~80 厘米。条荚匀称，单荚重 30 克左右，肉质脆嫩耐老化，商品性极佳。该品种比之豇 28-2 早熟 4~7 天，增产 25% 左右。适应性强，抗病，既耐低温又耐高温，对光照不敏感，可在我国南北各地广泛推广种植。该品种适宜春秋保护地及春、夏、秋露地栽培，也可冬季温室栽培。

3. 艾美特

该品种为江苏南京绿领种业有限公司选育，江苏省农作物品种审定委员会审定。中早熟荚重型品种，叶片大小中等，叶色深绿，荚柄较硬，商品荚嫩绿色，荚长 70~75 厘米，肉厚饱满，不露仁，适宜气候条件下可获得高产。

4. 高产 4 号

该品种植株蔓生，生长势强，分枝 2~3 条。茎蔓粗壮，叶长 12 厘米，宽 8 厘米，绿色。第一花序着生于主蔓第 5~7 节，以主蔓结荚为主。花浅紫色，嫩荚淡绿色，嫩荚不易老化，嫩荚种子稍显露，种子肾形、红褐色，千粒重 145 克左右，品质优良，商品性好。早熟，生育期约 90 天，从播种至始收 45~50 天。荚长 60~65 厘米，横径 0.8~1.0 厘米，单荚重 15~20 克，成荚率高，每亩产量 1500~2000 千克。高产 4 号较耐低温、耐热、耐湿，适应性广，抗病性强，较耐贮运。

5. 鄂豇豆 3 号

鄂豇豆 3 号是湖北省农业科学院经济作物研究所选育的一款豇豆品种，适于湖北省种植。属早熟豇豆品种。蔓生，节间短，生长势强，平均分枝数 1.6 个，叶色深绿，叶片小。始花节位第 2~3 节，每花序多生对荚，每花序成荚 2 对左右，嫩荚绿色，长圆条形，荚腹缝线较明显，单荚重约 29.4 克，嫩荚长约 65 厘米，荚厚约 1.0 厘米。平均单荚种子数 16.5 粒，种子肾形，种皮红色，荚粗壮，肉厚，耐老。春播地膜覆盖栽培，出苗至嫩荚始收 68 天左右。耐渍性差，较耐疫病和轮纹病。一般每亩产量 2300 千克。

6. 长豇 101

长豇 101 是以 JD1801 为母本、JD5809 为父本，通过系统选育而成的高产、稳产豇豆新品种。该品种早中熟，植株生长势强，结荚性好，荚条嫩绿色，荚长 71 厘米左右，商品荚横径约 1.0 厘米，单荚重约 25 克，产量达 3100 千克，适宜长江流域春、夏、秋季播种。

7. 长豇 3 号

该品种为湖南省长沙市蔬菜研究所选育。植株蔓生，分枝 2~4 个，叶片深绿色，第一花序出现在第 2~4 节，每花序结荚 3~5 个。花淡紫色。嫩荚白绿色。荚长约 50 厘米，横径约 0.75 厘米，单荚重约 11 克。每荚有种子约 18 粒，种粒肾形，红褐色，千粒重约 125 克。中熟，春播全生育期 100~120 天，夏秋播全生育期 90~110 天。对日照和土壤要求不严格，耐热，耐肥，耐贮运，适应性广，春、夏、秋三季均可栽培，尤适合夏、秋季栽培。一般每亩产量 2600 千克，最高产量每亩 3500 千克。全国各地均可种植。

8. 紫秋豇 6 号

该品种为江西华农种业有限公司选育。生长势中等偏强，主侧蔓均可结荚，生育期 70~90 天，叶片比较小，叶色略深，对光照反应敏感，初荚部位低，平均 2~3 节，早熟，结荚性好，丰产。荚长 30~35 厘米，荚色玫瑰红，爆炒后荚色变绿，俗称"锅里变"，嫩荚粗壮，品质优，不易老化，商品性好，籽粒为红白花籽。抗病毒病与煤毒病。适宜全国各地种植。

第三节　栽培技术

一、整地施肥

豇豆根系入土很深，主根可深入地下 60~90 厘米，支根多，要求耕层深厚，才有利于根系发育。种植豇豆的土地为空白地块，可在头年秋季深耕，经过一冬、春晒垡，使土壤结构疏松，播种时再浅耕、整地并结合施用基肥，耙地后作畦播种。前茬若有作物，待收获完前茬作物后，立即清理茬口及枯枝烂叶，同时翻耕土地。要求深翻 25~30 厘米，翻晒 1~2 次。结合犁地耙地，每亩撒施生石灰 75~100 千克。土壤深耕施肥耙细后做畦，畦宽 1.2~1.5 米（包沟），畦面呈龟背形，然后覆地膜。整地做畦时注意开好畦沟，春季畦沟深 20~30 厘米，夏秋季 15~20 厘米。

豇豆苗期需肥少，但很敏感，分枝期到盛花期对氮元素的吸收达到高峰，进入结荚期对磷、钾肥的吸收量增加。豇豆根系部有不同形状和数量的根瘤共生，有从空气中固氮的作用，但豇豆还需要施入相当量的氮肥。豇豆栽培中应重视基肥，适当控制水肥，适量施氮，增施磷、钾肥。基肥以施用腐熟的有机肥为主，在畦中开沟，每亩埋施土杂肥 2000 千克，复合肥 50 千克，对于缺硼田地还须同时加硼砂每亩 2.5 千克，然后覆土。追肥要在第一层荚坐稳后，重追花荚肥。全生育期追肥 2~3 次，叶面喷施钼酸铵微肥可提高产量和品质。

二、适期播种

豇豆根系的木栓化程度较高，侧根再生能力较弱，因此，栽培上以直播为主，早熟栽培可在各种保护地进行护根育苗。豇豆露地干籽直播的时间不早于 4 月中旬，气温高于 20 ℃时，根据市场和土地的茬口安排，播种时间可以延续至 7 月下旬。采用育苗移栽法，春季露地栽培育苗为 3 月下旬，在大棚内或小拱棚内采用穴盘育苗。

豇豆干籽直播每亩需种量 2~3 千克，育苗移栽每亩需种量 1.5~2 千克。为提高豇豆种子的发芽势和发芽率，保证发芽整齐、快速，应进行选种，剔除饱满度差、虫蛀、破损和霉变种子，并选晴天晒种 1~2 天。

豇豆育苗必须用充分腐熟的有机肥和园土按照 2∶8 的比例配制营养土。每穴孔播种 2~3 粒种子，然后盖土 1~2 厘米，播种后浇足水。出苗前，苗床白天温度保持 28~30 ℃、夜间 25 ℃，不浇水。出苗后，适当降低温度，尽量增加光照，以促进幼苗绿化。子叶展开后，白天温度降至 20~25 ℃、夜间 15~20 ℃，一般不浇水，旱时可用水壶浇小水。豇豆的苗龄不宜太长，适龄壮苗的标准是：苗龄 20~25 天，茎粗 0.3 厘米以下，真叶 3~4 片，根系发达，无病虫害。

每畦播种或移栽两行豇豆。春季每亩播种或定植 3000 穴左右，穴（株）距 30~35 厘米，每穴 2 株苗。夏、秋季每亩播种 3500 穴左右，穴（株）距 30 厘米左右，每穴 2 株苗。

三、大田管理

1. 查苗、补苗、定苗

豇豆直播栽培，在幼苗第一对真叶展开时及时进行查苗补缺。拔除枯死、病弱苗，及时补种，保证全苗。间苗宜早不宜迟，一般应在一叶一心至二叶一心时进行。小苗生长至 3~4 片叶时，每穴定苗 2 株健壮苗即可。育苗移栽的，应在缓苗后进行查苗补苗。

2. 中耕除草

采用地膜覆盖栽培的豇豆不需要中耕，但播种或定植穴孔会有少量的杂草，人工拔除即可。未采用地膜覆盖栽培的豇豆，豇豆苗出齐后或定植缓苗后至开花，一般每隔 10 天左右进行 1 次中耕除草。在开始抽蔓至搭架前，结合开沟施肥进行 1 次大培土。搭架后，植株尚小时，可适当进行浅中耕，当植株开花结荚后，则不宜再进行中耕松土，若有杂草，宜用手拔除。

3. 搭架引蔓

当植株长到 25 厘米，有 5~6 片叶开始抽蔓时，应及时搭架。一般采用"人字架式"搭架，架高 2.2~2.3 米。在每畦的对称两穴插好两排竹竿，插入深度 15~20 厘米，使对称的两根竹竿在离地面 1.2~1.5 米处相互交叉，在交叉处上面横放一根竹竿，将横放的竹竿与交叉的两根竹竿在交叉处用绳子绑紧即可。此种搭架方式简便，通风透光较好，有利于防治病虫害和提高产量。为了提高架的牢固程度，可以在畦中间每隔 5 米立一根粗竹（木）柱子，与交叉部位的水平竹竿扎紧。

抽蔓后要经常在晴天的下午进行引蔓，因为在雨天和早晨，茎蔓含水分多，易折断，引蔓按逆时针方向进行。

4. 植株调整

植株调整是调节豇豆生长和结荚、减少养分消耗、改善通风透光、促进开花结荚的有效措施，特别是在早熟密植栽培情况下，防止茎叶过于繁茂，有利于早开花结荚，提早收获上市。

植株调整包括抹底芽、打枝、主蔓摘心和摘老叶等。抹底芽：主蔓第一花序以下侧枝长到 3~4 厘米长时，应及时摘除，以保证主蔓粗壮，促进主蔓花序开花结荚。打枝：主蔓第一花序以上各节位的侧枝留 2~3 片叶后摘心，促进侧枝上形成第一花序，增加结荚部位。第 1 次产量高峰过后，叶腋间新萌发出的侧枝也同样留 1~3 节摘心，留叶多少视密度而定。主蔓摘心：当主蔓长到 15~20 节，达到 2.0~2.5 米高时，摘心封顶，以控制株高，防止主蔓过长造成架间相互缠绕，同时促进下部侧枝形成花芽。摘老叶：生长盛期，底部若出现通风透光不良，易引起后期落花落荚，可分次剪除下部老叶。

5. 水分管理

豇豆在整个生长期都忌湿，因此以保持田间湿润为好。春、夏季大雨后要注意及时清沟排淤，避免沟内积水。秋季气温高，水分蒸发量大，如久旱

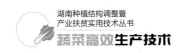

未雨，早、晚要淋水保持土壤湿度。豇豆全生育期对水分需求逐渐增加，前期尤其是幼苗期需水量较少，田间积水易引起烂根、死苗。开花期一般不浇水，待第一、第二花序坐荚后，需水量增大，根据土壤湿度适当浇水，正常情况下每隔 10~15 天结合追肥浇 1 次水。遇干旱天气应及时淋水或灌水，以减少落花，提高坐果率。

6. 追肥

豇豆不耐肥，偏施氮肥易引起徒长。豇豆喜磷、钾肥，要适当控制氮肥的用量，增施磷、钾肥，并保证水分供应。豇豆施肥的原则是在施足基肥的情况下，花前少施，花后多施，结荚盛期重施，在整个生长期及时补充微量元素肥。①轻施提苗肥：豇豆在开花结荚前需肥较少，氮肥过足，易引起徒长，因此，施肥量宜少不宜多，可于出苗后 5~7 天每亩施 5~10 千克尿素，以后至开花结荚前可视苗情追施腐熟的稀薄粪水或有机冲施肥 1 次。②重施结荚肥：豇豆开花结荚初期每亩可追施 15~20 千克复合肥、10 千克过磷酸钙、5 千克钾肥，以促进开花结荚。在豆荚生长盛期，应再追肥 1 次，每亩施 15~25 千克复合肥。盛荚期后，可根据植株生长情况，追施 1 次 10 千克的尿素，以促进再次开花着果，提高豇豆产量。③微量元素肥：在豇豆的生长期，尤其是开花结荚期每隔 7~10 天喷 1 次钼酸铵多维微量元素肥。

7. 防止落花落荚

豇豆易徒长，容易落花落荚，定植密度过大、光线不足、温度过高过低、土壤积水或干旱、偏施氮肥造成营养不均衡等原因都会造成严重的落花落荚，豆荚螟等虫害也是落花落荚的重要原因。根据造成豇豆落花落荚的具体原因采取相应的对策，主要是改善栽培环境，及时喷洒农药防病防虫。在豇豆初花期喷施芸苔素内酯、植物细胞分裂素及氨基寡糖素等调节植物生长的物质，以及钼酸铵等多维微量元素肥，可以显著提高豇豆的坐荚率，增加豇豆产量。

8. 适时采收

一般在开花后 10 天左右，籽粒未膨大、豆荚尚未纤维化、鲜重最大、品质最佳时开始采收，每隔 4~5 天 采摘 1 次，盛荚期内每隔 2~3 天采摘 1 次。过期采收会引起植株的养分平衡失调，妨碍上部花序的开花结荚。夏、秋季温度较高，要天天采收。在早上雾水未干时采收为宜。豇豆的花为总状花序，每个花序有 2~5 对花芽，通常每个花序只能结一对荚，在肥力充足、植株健壮的情况下，能结 2~6 个荚，所以采收时要注意不能损伤其余花蕾，更不能连花柄一起摘下，采收时要用手扶住豇豆基部，轻轻左右扭动，折断后摘下或用剪刀将豆荚基部剪断。

第四节　病虫害防治

病虫害防治时要严格按照国家蔬菜无公害栽培技术的要求，选择高效、低毒、低残留的农药，并要做到及时防治，对症下药，适量用药和农药的交替使用。由于豇豆是持续开花结荚的蔬菜，为保证豇豆农药残留符合国家标准，建议尽量采用物理防治方法和使用生物农药，尤其是利用生物菌防治病虫害。

一、主要病害防治

豇豆的病害有豇豆锈病、豇豆煤霉病、豇豆白粉病、豇豆疫病、豇豆炭疽病、豇豆病毒病、豇豆枯萎病、豇豆菌核病、豇豆红斑病、豇豆灰斑病、豇豆白绢病、豇豆灰霉病、豇豆褐斑病等多种病害。苗期病害主要是根腐病、猝倒病和沤根，防治方法为控制温度湿度和进行种子消毒。整个生育期特别是 6~7 月高温多雨季节，应注意防治锈病、灰霉病和枯萎病。

（一）根腐病

1. 为害特点

该病主要为害根部和茎基部。一般出苗后 7 天开始发病，21~28 天进入发病高峰。主要是在连作地及土壤含水量高的低洼地发病严重，发病初期植株下部叶色变浅无光泽，病部产生点状病斑，后逐渐变黄至全株枯黄，由支根蔓延至主根，引起整个根系腐烂或坏死，病株易拔起（图8-3）。纵剖病根，可见内部维管束呈红褐色，严重时，外部变黑褐色，根部腐烂，潮湿时病表呈粉红色霉层。主根全部发病后，地上部茎叶萎蔫枯死。

图8-3　豇豆根腐病

2. 防治方法

（1）选用抗病品种、水旱轮作、深沟高畦、增施磷钾肥及避雨等栽培措施可以很好地预防豇豆根腐病的发生。

（2）在深耕施基肥时，将枯草芽孢杆菌、复合芽孢杆菌等有益生物菌与有机肥混合撒施后整地做畦，可以有效地防治豇豆根腐病的发生。

（3）化学农药防治。根腐病是土传病害，一定要提前灌药预防，在发病后用药，效果较差。豇豆播种出苗或定植后浇定根水时，将75%噁霉灵溶于水中，浇灌在植株根部，以后每隔7天浇灌1次，连续2~3次。

（二）叶霉病

1. 为害特点

叶霉病又称豇豆煤霉病，是豇豆的主要病害，除为害豇豆外，还侵害其他豆科作物。主要为害叶片，高温高湿有利于发病，初发时叶片两面生紫褐色斑点，以后扩大为1~2厘米的圆形斑，边缘不明显，病斑表面密生烟状霉。病害自下向上蔓延，也可侵染茎蔓和豆荚。严重时病叶早落或蔓上残留数片嫩叶，病叶变小。病菌喜温暖潮湿的环境，高温高湿多雨有利于发病，连作地发病重，嫩叶较成熟叶片抗病（图8-4）。

2. 防治方法

选用抗病品种、轮作、高畦深沟、地膜栽培、增施磷钾肥、清洁田园，发病初期及时摘除病叶等生产措施可以减少病害的发生。当发现叶霉病的发病迹象或适宜于叶霉病发病的气候环境条件时，用50%多菌灵可湿性粉剂800倍液或70%甲基托布津500倍液或50%腐霉利可湿性粉剂1000倍液或40%嘧霉胺悬浮剂900倍液或12.5%腈菌唑乳油2000倍液，每7天左右喷1次。

图8-4　豇豆叶霉病

（三）锈病

1. 为害特点

豇豆锈病是豇豆上常见的重要病害。主要为害叶片，发生在叶片背面，在高温高湿条件下易感病，叶片受害后，初生很小的黄白色小斑点，以后逐渐扩大成黄褐色孢子堆，在孢子堆外围常有一圈黄晕（图8-5）。锈病病菌喜温暖潮湿的环境，最适温度为23~27 ℃、相对湿度90%，最易感病，开花结荚期至采收中后期都易发生锈病。高温、高湿，地势低洼，排水不良，或氮肥过多，通风不良时容易发病。

2. 防治方法

（1）合理轮作，高畦栽培，合理密植，开沟排水，增施磷钾肥，以增强植株长势，提高抗病力。

（2）药剂防治：在发病初期喷药，用药间隔期7~10天，连续防治2~3次。发病前用70%甲基硫菌灵可湿性粉剂（甲基托布津）500倍液或80%代森锰锌可湿性粉剂500倍液进行叶面喷雾。发病后用18.7%丙环唑·嘧菌

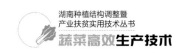

酯悬浮剂 2000 倍液或 32.5% 嘧菌酯·苯醚甲环唑悬浮剂 1500 倍液或 10% 苯醚甲环唑水分散粒剂 1000 倍液或 15% 三唑酮（粉锈宁）可湿性粉剂 1000 倍液进行叶面喷雾。

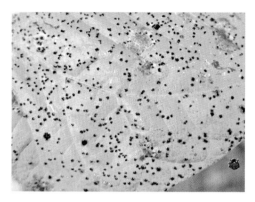

图 8-5　豇豆锈病

二、主要虫害防治

豇豆的虫害主要有豆荚螟、豇豆蓟马、美洲斑潜蝇、豆蚜、烟粉虱、斜纹夜蛾、螨类（朱砂叶螨）、茶黄螨等害虫，其中豆蚜、美洲斑潜蝇、豆荚螟、茶黄螨是最常见的害虫，对豇豆生产有较大的危害。

（一）豆蚜

1.为害特点

豆蚜属同翅目蚜科，又叫花生蚜、苜蓿蚜，主要为害豇豆、菜豆、蚕豆、豌豆、扁豆等豆科蔬菜。成虫和若虫为害叶片、茎、花及豆荚，使叶片卷缩、发黄，嫩荚变黄，严重时影响生长（图 8-6）。该虫可分泌大量"蜜露"，引起污煤病，使叶面铺上一层黑色霉菌，影响光合作用，造成严重减产。同时还是传播病毒病的媒介昆虫。豆蚜迁飞能力较强，对黄色有很强的趋性，对银灰色有忌避习性。豆蚜发育的最适温度为 22~26 ℃，相对湿度 60%~70%。此条件下，每头雌蚜寿命可达 10 天以上，平均胎生若蚜 100 多头，若蚜历期仅 4~6 天。

图 8-6 豆蚜

2. 防治方法

（1）利用蚜虫对黄色有较强趋性的原理，在田间设置黄板，上涂机油或其他黏性剂诱杀蚜虫。在田间悬挂或覆盖银灰膜，在大棚周围挂银灰色薄膜条（宽 10~15 厘米），每亩用膜 1.5 千克，可驱避蚜虫，也可用银灰色遮阳网、防虫网覆盖栽培。

（2）药剂防治：视虫情每 7~10 天喷洒 1 次，并注意喷嘴对准叶背和嫩梢，将药液喷到虫体上，确保防效。常用农药有 22% 氟啶虫胺腈悬浮剂 7500 倍液，或 20% 啶虫脒可湿性粉剂 3000 倍液，或 45% 吡虫啉微乳剂 2000 倍液，或 50% 吡蚜酮水分散粒剂 3000 倍液，或 1% 印楝素水剂 800 倍液。

（二）美洲斑潜蝇

1. 为害特点

美洲斑潜蝇又叫蔬菜斑潜蝇、蛇形斑潜蝇、瓜斑潜蝇、甘蓝斑潜蝇、豆潜叶蝇；属双翅目潜蝇科，农民俗称"地图虫""鬼画符"，是豇豆的重要害虫之一，也是一种防治难度大的害虫（图 8-7）。该害虫主要为害叶片，造成叶片光合作用减弱，严重时提早落叶，造成豇豆减产 20%~30%，甚至达到 80%~90%。

图 8-7　美洲斑潜蝇

2. 防治方法

（1）物理防治：田间连片挂诱虫黄板，每亩 60 张，每隔 3~5 米挂一张。

（2）化学防治：分叶面喷雾和土壤处理。叶面喷雾防治为害叶片的幼虫，每隔 5~7 天 1 次，连续使用 2~3 次。常用农药有 60 克/升乙基多杀菌素悬浮剂 1000 倍液 +1.8% 阿维菌素可湿性粉剂 1000 倍液，或 10% 溴氰虫酰胺可分散悬浮剂 750 倍液 +75% 灭蝇胺可湿性粉剂 2000 倍液。土壤处理的目的是防治虫蛹，使用的药剂为 4.5% 高效氯氰菊酯乳油 1000 倍液，喷施在垄面及畦沟处。

（三）豆荚螟

1. 为害特点

豆荚螟又叫豆野螟、豇豆野螟、豇豆钻心虫、豆荚野螟、豆螟蛾、大豆螟蛾，是豇豆最常见的害虫。属鳞翅目螟蛾科，主要为害豇豆、菜豆、扁豆、大豆、四季豆、豌豆、蚕豆等豆科作物。幼虫蛀食豆荚为主，也可为害叶片和花蕾。为害叶片时常卷叶为害，豇豆被害后落花、落荚。成虫产卵在植株嫩叶部分，5~7 天孵化后蛀入豆荚内取食豆粒，荚内及蛀孔外堆积粪粒，轻者把豆粒咬成缺刻孔道、重者把整个豆荚咬空，导致豆荚腐烂（图8-8）。3 龄以上幼虫钻蛀荚中，喷洒药剂很难将其杀死。

图 8-8　豆荚螟

2. 防治方法

（1）物理防治：在豇豆田块设置诱虫灯诱杀成虫。

（2）药剂防治：药剂防治的策略是"治花不治荚"。在盛花期黄昏喷药，从现蕾开始，重点喷在蕾、花、嫩荚上，虫口密度大时每隔 5~7 天喷施 1 次，连续 2~3 次。常用农药有 20% 氟苯虫酰胺水分散粒剂 2000 倍液，或 20% 氯虫·噻虫嗪水分散粒剂 2000 倍液，或 5% 氯虫苯甲酰胺悬浮剂 1500 倍液，或 5.7% 甲氨基阿维菌苯甲酸盐水分散粒剂 3000 倍液，或 10% 高效氯氰菊酯乳油 2500 倍液。

3. 生物农药：高效 BT 水剂 500~700 倍液 + 苏云金杆菌，从现蕾开始，每隔 7~10 天喷施 1 次。

（四）茶黄螨

1. 为害特点

茶黄螨属蛛形纲蜱螨目跗线螨科，是为害蔬菜较重的害螨之一。其食性极杂，寄主植物广泛，已知寄主达 70 余种，近年来对蔬菜的为害日趋严重。以成螨和幼螨集中在蔬菜幼嫩部刺吸为害。受害叶片背面呈灰褐色或黄褐色，油渍状，叶片边缘向下卷曲；受害嫩茎、嫩枝变黄褐色，扭曲变形，严重时植株顶部干枯；果荚受害果皮变黄褐色（图 8-9）。主要在夏、秋露地发生。

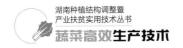
2.药剂防治

可选用 15% 哒螨灵乳油 2000 倍液，或 35% 杀螨特乳油 1000 倍液，或 20% 螨克 1000~1500 倍液喷雾防治；或用 73% 炔螨特乳油 1000 倍液，进行叶面喷雾，连续 2~3 次。

图 8-9　茶黄螨

第九章
子 莲

魏林　马艳青

第一节　子莲对环境条件的要求

一、温度

子莲是喜温植物，萌芽始温在 15℃左右，生长最适温度为 20~30℃，水温 20~30℃，昼夜温差大，利于子莲膨大形成。气温超过 35℃，子莲营养生长会受到影响，气温下降到 15℃以下时植株基本停止生长。

二、光照

子莲是喜光植物，不耐阴，生育期内要求光照充足，但对日照时间长短的要求不严。前期光照充足，有利于茎、叶的生长；后期光照充足则有利于开花、结果和藕身的充实。

三、水分

子莲在整个生育期内不能离水，常年立叶抽生前保持 3~5 厘米浅水，6 月至 7 月上旬水层逐渐加深到 10 厘米，7 月中旬至 8 月底水可加深到 15~20 厘米，9 月莲枯萎后，水深下降至 10 厘米左右。冬季藕田内不宜干水，应保持一定深度的水层，既可防止莲藕受冻，又可减轻翌年腐败病发生程度。

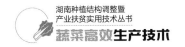

四、土壤

子莲喜肥、耐肥，在田地平整、土层深厚、肥力中上的低湖田或水稻田种植最好，土质为壤土、沙壤土、黏壤土、黏土均能生长，但以在有机质丰富，土壤 pH 值 5.6~7.5，耕作层较深（30~50 厘米），且保水能力强的黏质土壤中最为适宜。瘠薄砂土田、常年冷浸田、旱田、锈水田不宜种植。

第二节　子莲主要品种

一、建选 17 号

建选 17 号是福建建宁县莲子科学研究所选育、2011 年通过该省农作物品种审定委员会审定的子莲品种。该品种生长势强，花多蓬大，茎秆粗壮，株高 75~145 厘米，叶片直径 46~76 厘米。花蕾长卵形，花单瓣，花色白爪红（瓣尖淡红），花径 25~29 厘米。莲蓬扁圆形，直径 11~16 厘米，平均心皮数约 25 枚，结实率 80% 左右。全生育期 205 天左右，有效花期 105 天左右，莲子采摘期 110 天左右。每亩莲蓬数 3500 蓬左右，鲜莲产量 260~340 千克、铁莲产量 117~155 千克、干通芯莲产量 65~85 千克。全生育期长，结实率高、产量高，莲粒大、圆润、色泽洁白，风味较好，抗病性强，花形大，花色花态俱美，宜田栽或池塘、浅水湖区种植（图 9-1 至图 9-4）。

图 9-1　建选 17 号成片莲田（魏英辉 提供）　图 9-2　建选 17 号单朵莲花（魏英辉 提供）

图 9-3 建选 17 号莲蓬(魏英辉 提供)

图 9-4 建选 17 号通芯白莲
(魏英辉 提供)

二、建选 35 号

建选 35 号是福建建宁县莲子科学研究所选育、2011 年通过该省农作物品种审定委员会审定的子莲品种。该品种植株生长势强,分枝性好,长势强,开花早,群体花期长,秆较粗壮,节间较密,株高 70~160 厘米,叶片直径 42~70 厘米。花蕾红色、卵圆形,叶上花,花色深红,花瓣 14~18 枚,花瓣圆卵形,花托倒圆锥形,边缘平,成熟莲蓬扁圆形,蓬面平略凸出,蓬面直径 12~17 厘米,平均心皮数约 28 枚,结实率 75% 左右。全生育期约220 天,有效花期和采摘期均约为 120 天。一般每亩莲蓬数 3800 蓬左右,鲜莲产量 280~360 千克、铁莲产量 126~162 千克,干通芯莲产量 70~90 千

图 9-5 建选 35 号成片莲田(魏英辉 提供)

图 9-6 建选 35 号单朵莲花(魏英辉 提供)

克。该子莲品种全生育期长，产量高，花色鲜红艳丽，宜田栽或池塘、浅水湖区种植（图 9-5 至图 9-8）。

图 9-7　建选 35 号莲蓬(魏英辉 提供)　　图 9-8　建选 35 号通芯白莲(魏英辉 提供)

三、建选 31 号

　　建选 31 号是福建建宁县莲子科学研究所选育、2016 年通过该省农作物品种审定委员会审定的子莲品种。该品种大株形，株高 78~175 厘米，叶片直径 48~72 厘米。花单瓣，花色白爪红，莲蓬直径 11~21 厘米，着粒较密，平均心皮数约 32 枚，结实率 67.8% 左右。全生育期约 240 天，有效花期和采摘期均为 120 天左右。一般每亩莲蓬数 3500 蓬左右，鲜莲产量 300~380 千克、铁莲产量 135~170 千克、干通芯莲产量 75~95 千克。该子莲品种全生育期长，宜田栽或池塘、浅水湖区种植（图 9-9 至图 9-12）。

图 9-9　建选 31 号成片莲田(魏英辉 提供)　　图 9-10　建选 31 号莲花(魏英辉 提供)

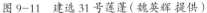

图 9-11　建选 31 号莲蓬（魏英辉 提供）　　图 9-12　建选 31 号通芯白莲
　　　　　　　　　　　　　　　　　　　　　（魏英辉 提供）

四、太空莲 36 号

　　太空莲 36 号是江西广昌县白莲科学研究所将子莲种通过卫星搭载、太空诱变选育的子莲品种。该品种生长势较强，株高 110 厘米左右，荷梗和花梗偏短较发达。花单瓣，花色粉红，莲蓬碗形，蓬面直径 14~17 厘米，单蓬粒数 13~20 粒，结实率 80%~90%。全生育期 200~210 天，花期100~110 天，采摘期 115~125 天。干通芯白莲平均百粒重 106 克，一般每亩产干通芯白莲 95~120 千克（图 9-13，图 9-14）。

图 9-13　太空莲 36 号成片莲田　　　　　图 9-14　太空莲 36 号莲花

五、寸三莲

　　寸三莲原产于湖南省湘潭县。立叶荷梗高度为 60~130 厘米，叶黄绿色，有 19~22 条粗而明显的掌状网脉。花蕾长桃形，胭脂红色，萼片 4 枚，紫绿色。花瓣向内卷曲成长椭圆瓢状，粉红色，开花时，花瓣颜色内基部逐步退红转白，最后全部变成白色。每朵花平均有花瓣 17~18 枚，分 6 轮排列，每轮 3 枚。莲蓬漏斗状，莲面直径 8~15 厘米，全生育期 180~200 天。干通芯白莲平均百粒重 128 克，一般每亩产干通芯白莲 60~80 千克（图9-15，图 9-16）。

图 9-15　寸三莲花蕾及初期莲花　　　　　图 9-16　寸三莲后期莲花

六、鄂子莲 1 号（满天星）

满天星是武汉市蔬菜科学研究所水生蔬菜研究室选育的新品种。株高 166 厘米左右，花单瓣、粉红色，莲蓬扁圆形，着粒较密，平均心皮数 32~35 枚，结实率 77.1% 左右。鲜果实绿色，卵圆形，单粒重 4.2 克，鲜食味甜。花期 6 月上旬至 9 月中下旬。每亩产莲蓬数 4500~5000 个，鲜莲产量 360~400 千克，铁莲子产量 180~200 千克，干通芯莲产量 95~110 千克。该品种成熟时莲蓬较重，若耕作层太浅，果柄易倒伏，因此，土壤耕作层宜在 30 厘米以上，果实成熟后应及时采摘。适当密植，一般每亩用种 200 支（图 9-17 至图 9-20）。

图 9-17　满天星成片莲田（朱红莲 提供）

图 9-18　满天星单朵莲花（朱红莲 提供）

图 9-19　满天星莲蓬（朱红莲 提供）

图 9-20　满天星铁莲子（朱红莲 提供）

第三节　高效生态栽培模式

一、"藕带－莲子"栽培模式

　　该模式适宜一次性定植，连续 3~4 年采收的子莲种植区。可选择太空莲 36 号、建选 17 号、建选 35 号、鄂子莲 1 号（满天星）等品种。一般第一年 3 月下旬或 4 月上中旬定植，每亩用种量 120~150 支，从定植后第二年开始采收藕带，采收期以 5 月上旬至 6 月中下旬为宜。开始采收藕带后，每 15 天每亩追施复合肥 10 千克，尿素 5 千克。封行前，采收强度宜小，采收藕带时，顺带摘除过密立叶及老弱病叶，8月中下旬停止藕带采收。在不增加投入的情况下，每亩藕带产量约100千克（图9-21，图9-22）。（技术来源：武汉市水产科学研究所）

图9-21　藕带在子莲地下茎着生状态　　　　图9-22　湘潭花石子莲种植户田中采摘藕带

二、"子莲－晚稻"栽培模式

子莲采收后期（8月中下旬），莲鞭停止生长，不再抽生花蕾时，可将莲田无花立叶、残荷清除，套种一季晚稻。品种可选择太空莲36号等中早熟优良品种。该模式的关键是加强田间管理，促进前作子莲早发芽。具体茬口安排在3月中旬或3月底移栽，排种量适当加大，按株行距（130~150）厘米×150厘米定植，每亩排种量300~350株。莲田追肥也要早，5月上旬第一片立叶时，每亩就要施尿素1.5~2千克点蔸一次，第三片立叶用肥量加倍再施一次，5月中下旬每亩施尿素5千克和复合肥8千克，6月中旬至8月上旬根据植株长势，每隔15天左右追肥一次，每亩施尿素5千克和复合肥12~15千克。

后作晚稻在8月中下旬，莲田基本"净花"后，即可套种，品种应选秧龄弹性大、抗逆性强的杂交晚稻品种。8月上旬，晚稻移栽前2~3天将无花立叶、残荷清除，套种水稻每亩基本苗10万~12万穴，莲田套种晚稻因前

作子莲施肥量大，肥力好的田块一般可以不再施肥。此模式每亩可增收晚稻500千克。（技术来源：江西广昌县白莲科学研究所）

三、"子莲－空心菜"套种栽培模式

子莲生长前期（4~6月），植株未封行时田间空隙大，在封行前套种一季空心菜，既可抑制杂草生长，又可提高土地利用率，增加种植经济效益。子莲品种可选择太空莲36号等生育期长的品种，空心菜选用耐涝耐热的大叶品种。具体茬口安排为：子莲移栽时间为3月底至4月上旬；空心菜在子莲移栽后的4月上中旬进行（在2月下旬至3月上旬，采用小拱棚旱地育苗）。空心菜栽种的株行距为15厘米×20厘米，每株1苗，每亩栽基本苗约2万株。移栽时每隔2米留一条30~40厘米的过道用于生产管理。在空心菜生长过程中水位控制在3~5厘米，切忌水位忽高忽低。在5月中下旬，当空心菜长到40厘米左右时进行采摘。至6月中下旬采收结束，可采2~3次，之后将空心菜根茎全部拔除压入泥土中，转入子莲常规管理。此模式每亩可增收空心菜2000千克左右。（技术来源：江西广昌县白莲科学研究所）

四、"莲－油菜水旱轮作"高效栽培技术

莲－油菜水旱轮作模式可利用当年新植莲田，也可利用连作莲田冬种油菜。品种可选择本地的湘莲品种或太空莲、建莲品种等；油菜品种宜选用早中熟品种，有条件可移栽种植，提早开花结实。具体茬口安排为：新植莲田在3月下旬至4月中旬定植，连作田在4月上旬用机械浅犁疏苗，至10月上中旬莲子采收结束。9月上中旬油菜播种育苗，10月中下旬移栽，翌年4月下旬至5月上旬采收结束。5月上旬至10月上中旬进行莲田管理，等莲子采收后又可种植油菜。

该栽培模式下，子莲栽种株行距为3米×4米，用藕量每亩120~150支，冬季翻耕施足基肥，以腐熟有机肥为主，追肥以化肥为主，"少食多餐"原则，立叶期、始花期、盛花期及采摘中后期分6~7次施入。第二年油菜收割后立即灌水，及时犁田翻耕，把油菜茎秆打烂翻入泥中，撒50千克石

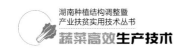

灰，保留浅水 5~10 厘米。子莲定植后至 6 月中旬莲田灌水 5~10 厘米，6 月下旬至 8 月下旬，提高水位至 20~25 厘米。后把叶出现后，将田水落浅至 10 厘米左右；此外，待莲叶长出时，重施一次追肥，每亩用碳酸氢铵 + 过磷酸钙 50 千克或莲专肥 40 千克撒施，促进莲叶萌发，促早封行。10 月上旬莲子采收基本结束后开沟排水，进行烤田，10 月中旬前后清除地面莲秆莲叶，翻犁整畦，畦宽 1 米，沟宽 0.3 米。10 月下旬至 11 月上旬移栽，一般移栽密度以每公顷种植 10.5 万 ~12.0 万株为宜。此模式每亩可产干莲子 76 千克，产油菜 156 千克，田中腐败病的发生程度也显著降低。（技术来源：福建建宁县莲子科学研究所）

五、"子莲 – 鱼"种养模式

子莲田宜套养鲫鱼、鲤鱼、鲇鱼、鳊鱼、罗非鱼、黑鱼、泥鳅、鳝鱼等。藕田养鱼时，宜在藕田周围开挖宽 80 厘米、深 60 厘米的溜鱼沟或占地面积为田块面积 2%~3% 的鱼溜（深 60~80 厘米），田块中间按"井"字形或"非"字形开挖宽 35 厘米、深 30 厘米的鱼沟。一般溜鱼沟或鱼溜、鱼沟，占田块面积的比例以 5%~10% 为宜。每亩藕田内养鱼数量应视鱼的种类和鱼苗大小而定，如 10 厘米左右规格的鲤鱼可为 150 尾，25 克左右鲶鱼可放养 700 尾左右。放养鱼之前 10~15 天，莲田每亩宜用 75~100 千克新鲜生石灰或 1 千克茶籽饼消毒；鱼苗放养前，宜用 3% 食盐水浸浴 8~10 分钟消毒。此外，子莲套养鱼类时，施肥应以基肥为主，追肥为辅；以有机肥为主，无机肥为辅。农药应选择低毒高效农药，禁用鱼类敏感农药。其他管理与常规管理相同。

六、"子莲 – 虾"种养模式

此模式关键技术是如何减轻或消除龙虾对子莲植株的为害，当年定植的莲田（定植期主要为 3 月中下旬至 4 月上中旬），因 4~5 月期间的叶片萌发量相对较少，小龙虾宜于 8 月上旬投放。连作莲田，翌年 3 月中下旬至 5 月上中旬为集中捕捞期，5 月中旬前捕捞量占总捕捞量的 80% 以上，投放时间可从 7 月下旬持续到 8 月中旬。莲田投放的种虾比例为 3 : 1，种虾规格一般为 20~30 克/只，投放量为 7.5~10.0 千克/亩。子莲整个生育期，宜保持藕田水深 30~50 厘米。该模式的种植田田间四周也需挖围沟、筑围埂，一般围沟宽 2 米，深 1 米，围埂高宜 1 米，宽宜 1.5 米，底宽宜 3 米。田埂设置隔板、网纱等防逃设施，入土部分宜 20 厘米，防逃网眼以 60 目为宜。此外，龙虾对农药敏感，尽量少用或不用药，用药时注意浓度。该种养模式每亩投放 30 只左右的小龙虾（规格为 20~30 克/只），在未投放饵料的情况下，当季小龙虾捕捞量可超过 45 千克/亩（图 9-23，图 9-24）。

图 9-23 衡阳县台源镇建设中的乌莲 - 小龙虾种养基地

图 9-24 湘潭县花石镇 5 月开始捕捞小龙虾的莲 - 虾种养基地

第四节 主要病虫害绿色防控

一、藕种消毒措施

（一）种藕选择

种藕应留在原田内越冬，春季种植前可随挖、随选及随栽，不宜在空气中久放，以免芽头失水而干枯。短期贮藏时，可以采用诸如浸泡水中或浇水保湿并遮阴防晒等措施。种藕必须粗壮、芽旺、顶芽完整、无病虫害、后节把较粗，至少有 2 节以上充分成熟的藕身，具有本品种特征，同时应新鲜完

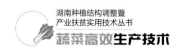

好、无较大机械伤。

选好的种藕按大小分区栽植以便于管理。如当天未栽植完的种藕，应洒水保存并覆盖保湿。如要提早栽植，则要对种藕进行催芽，即先催芽、后栽植。这样可减少烂芽，提高成活率。催芽的具体方法是在断霜前 20 天左右，将选好的种藕置于温暖室内，上下垫盖稻草。每天据天气晴雨和干湿情况，洒水 1~2 次，以保持湿润，催芽温度应控制在 20~25℃，相对湿度以80%~90% 为宜。经 20 天左右，藕芽约长 10 厘米时即可栽植。

（二）种藕消毒

在藕种植田中，每亩建 4 个水池，规格为 1.5 米 × 2 米 × 30 厘米，每池内放药剂 99% 噁霉灵原粉和 50% 多菌灵可湿性粉剂，使得噁霉灵终浓度为 300 倍液，多菌灵终浓度为 1000 倍液，再放入种藕 40 枝，浸泡 24 小时消毒。

（1）藕田消毒：连作藕田每 3 年结合翻耕整地，按每亩 80 千克生石灰＋5 千克黄粉的用量满田撒施消毒，翻地耙平后，再施水 3~5 厘米，让水自然渗透入田。对于连作田还可田间覆水 15~20 厘米越冬，能有效减少腐败病菌初侵染菌源。

（2）病害预防：在田间进行藕枝清理时用 99% 噁霉灵粉剂 300 倍液＋50% 多菌灵可湿性粉剂 1000 倍液进行灌蔸以防止病原菌从伤口侵入；在施立叶肥时，在肥料中加撒 99% 噁霉灵原药，施药时田中水位应控制在15~20 厘米。

二、莲田主要病害及其防治

（一）莲腐败病

该病害的病原菌主要为尖孢镰刀莲专化型。子莲腐败病首先侵染根状茎（莲鞭和藕），破坏输导组织功能。典型症状是根状茎髓部变黑腐烂，并致地上部枯萎。根状茎和叶柄髓部变褐，甚至腐烂；病茎初生的叶片叶色淡绿，并从整个叶缘或叶缘一边开始发生青枯状坏死，似开水烫过，最后整个叶片枯萎反卷。子莲腐败病较重时，可以导致叶片枯萎，因而该病也叫莲枯萎病（图9-25至图9-28）。子莲腐败病是莲藕上为害最为严重的一种病害，近年来在湖南省子莲产区有加重发生的趋势。

因莲腐败病首先在受害的地下茎（藕节）出现症状，其后才逐渐在病茎生出的地上叶片和叶柄显症，腐败病这种发生环境的特殊性及叶片显症的滞后性，往往造成错过该病的防治适期。所以虽然腐败病在7~8月发生最为严重，但应从移栽前种藕、莲田消毒就开始进行预防。

图9-25 腐败病叶片典型症状　　　　图9-26 腐败病田间发病症状

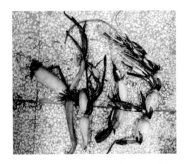 

图9-27 腐败病受害茎、藕根及新生芽　　图9-28 莲藕腐败病受害茎纵切面，示变色部分由种茎向新生茎的扩展蔓延

对该病的预防及防治宜从以下几方面进行：

（1）不以发病藕田的藕做种；重病地块与大蒜、芹菜等蔬菜实行2年以

上轮作；按莲藕不同生育阶段需要管好水层：生长前期气温相对较低，且藕生长的立叶少宜灌 10 厘米左右浅水，中期高温季节水宜加深，后期又以浅水为主，以便长藕和氧气交换；及时清除种植田边、田间的杂草，以减少该病原菌的寄主来源。

（2）对上一年腐败病发生的地区，对藕田实行冬耕晒垡后，再田间覆水 15~20 厘米越冬，能有效减少腐败病菌初侵染菌源。

（3）整地后，覆水 10~15 米，在水面每亩撒施生石灰 100 千克，待水自然浸落后，再整地移栽。如施复合肥做基肥的，要待藕田水深自然浸落至 5 厘米（时间间隔 7 天以上），再撒施。

（4）在田间进行藕枝清理时用 99% 霉灵粉剂 300 倍液＋50% 多菌灵可湿性粉剂 1000 倍液进行灌兜以预防病原菌从伤口侵入；在施立叶肥时，在肥料中加撒 99% 噁霉灵粉剂，施药时田中水位应控制在 2~3 厘米。

（5）初发现病株时，立即拔除，用围堰将病区隔离，并对围堰区域用 99% 噁霉灵粉剂 3000 倍液＋50% 多菌灵可湿性粉剂 1000 倍液进行灌穴消毒。田间发病较重时，用 50% 多菌灵可湿性粉剂 500 克或 99% 噁霉灵粉剂 100~150 克，拌细土 25~30 千克，堆闷 3~4 小时后撒施于浅水藕田中。3 天后再用甲基托布津，或硫黄多菌灵或噁霉灵等药剂，喷洒叶面和叶柄。每隔 6 天喷雾 1 次，连续防治 2~3 次。

（二）叶斑病

立叶叶面常见的叶斑病有莲交链孢黑斑病（又名莲褐纹病、莲叶斑病、黑斑病）、莲胶胞炭疽病、莲假尾孢褐斑病及莲小菌核叶腐病等。这几种病害的共同点是，均能在叶片上形成斑点，莲藕种植者一般不做区分，通常概称为叶斑病（图 9-29 至图 9-32）。

对该类叶斑病的防治，可采用以下方法：

（1）收获莲藕前采摘病叶，带出藕田集中深埋或烧毁，以减少下年的初侵染菌源。在莲藕生长中后期随时将病叶清除销毁，但需注意不要折断叶柄，以免雨水或塘水灌入叶柄通气孔，引起地下茎腐烂。

图 9-29 莲交链孢黑斑病

图 9-30 莲胶胞炭疽病

图 9-31 莲假尾孢褐斑病

图 9-32 莲小菌核叶腐病

（2）在无病田块中选择前端肥大的 2~3 节正藕作种藕，因其养分丰富，叶片可尽快伸出水面，增强抗病性，减少初侵染机会。

（3）合理密植，改善通风透光条件，施足腐熟有机肥，增施钾肥，播种后宜灌浅水，有利于提高温度，使其提早发芽；在高温大风季节则应适当灌深水。

（4）发病初期喷 50% 甲基托布津可湿性粉剂 800 倍液 +75% 百菌清可湿性粉剂 800 倍液，或 50% 多菌灵可湿性粉剂 800 倍液 +75% 百菌清可湿性粉剂 800 倍液混合喷洒；还可用 25% 嘧菌酯悬浮剂，或 25% 丙环唑乳油，或 80% 乙蒜素乳油按规定剂量喷雾。每隔 7~10 天喷 1 次，连续 2~3 次。

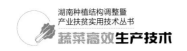
（三）莲叶脐黑腐病

一般 5 月上中旬至 6 月上中旬发生为害，尤其在定植 2 年及 2 年以上的子莲田为害较重。该病首先在未充分展开的立叶上发生，典型症状为叶脐局部或整个叶脐表现症状，叶脐颜色逐渐变深，由褐色到黑色，后期腐烂，并扩展至叶脐下周半叶或整叶，叶片下端开裂，叶片不能正常展开，常向下披垂。从叶脐部位向叶柄蔓延时，连接叶片的叶柄上端髓部变褐色。为害重者，叶柄上端腐烂发黑、缢缩枯萎，整片叶亦腐烂发黑、枯萎死亡（图9-23，图 9-24）。

图 9-33　黑腐病初期症状

图 9-34　黑腐病后期症状

对该病害，一般在发病初期用 50% 多菌灵可湿性粉剂 800 倍液，或80% 代森锰锌可湿性粉剂 800 倍液，或 250 克/升丙环唑乳油 1000 倍液喷雾防治，发病严重的还可摘除病叶。

三、莲田主要虫害及其防治

（一）斜纹夜蛾

在湖南省一般一年发生 5~6 代。幼虫由于取食不同食料，发育参差不齐，造成世代重叠现象严重。斜纹夜蛾是一种喜温性害虫（图9-35，图 9-36），其生长发育最适宜温、湿度条件为温度 28~30℃，相对湿度75%~85%。

图 9-35　斜纹夜蛾幼虫为害荷叶　　　　图 9-36　斜纹夜蛾幼虫为害莲蓬

防治斜纹夜蛾的主要方法：

（1）农业防治。在斜纹夜蛾产卵高峰期至初孵期，采取人工摘除卵块和初孵幼虫为害的叶片，带出田外集中销毁。合理安排种植茬口避免斜纹夜蛾寄主作物连作，有条件的地方可与水稻轮作。

（2）物理防治。成虫盛发期，选用波长为 365 纳米的太阳能杀虫灯，灯具安装高度为 1.5 米，6 月下旬至 10 月上旬使用，每天 19 时开灯，次日 6 时关灯；应用性诱剂诱捕成虫；应用糖醋酒液（糖∶醋∶酒∶水 =3∶4∶1∶2）加少量美曲磷酯诱杀成虫。

（3）药剂防治。掌握在卵块孵化到 3 龄幼虫前喷施药剂防治，此时幼虫群集叶面为害，尚未分散且抗药性低，药剂防效高。使用的药剂有 0.5% 甲维盐乳油 1500 倍液，或 5% 氟啶脲乳油 2000 倍液，或 15% 茚虫威悬浮剂 3500~4500 倍液。

（二）莲缢管蚜

莲缢管蚜为蚜虫（俗称腻虫、蜜虫等）的一种，主要集中在幼嫩立叶的叶片背面和叶柄，以及花蕾及花柄上（图 9-37，图 9-38）。莲缢管蚜是莲藕种植中最主要和最常见的害虫，也是重点防治对象。长江流域莲藕产区，5~6 月是莲缢管蚜重点防治期。

图 9-37　莲缢管蚜为害浮叶和立叶叶柄　　　图 9-38　莲缢管蚜为害立叶和立叶叶柄

防治莲缢管蚜的主要方法：

（1）农业防治。及时清除田间浮萍、绿萍和眼子菜等水生植物。合理密植，减轻田间郁闭度，降低湿度。

（2）化学防治。5 月初，注意田间蚜虫发生情况，当田间蚜虫受害株率达到 15%～20%，每株有蚜虫 800 头左右时，进行药剂喷雾防治。使用的药剂有 70% 吡虫啉水分散粒剂 1000 倍液，或 50% 吡蚜酮可湿性粉剂 2000 倍液，或 3% 啶虫脒乳油 1500 倍液，或 1% 苦参碱水剂 600 倍液。

（三）莲潜叶摇蚊

莲潜叶摇蚊发生普遍，以幼虫为害浮叶（不能为害立叶）。幼虫在浮叶表皮下取食叶肉，掘道潜行，边行边排便，形成明显的紫褐色虫道，严重者导致浮叶腐烂（图 9-39，图 9-40）。莲藕植株生长初期，立叶尚未发生或发生数量较少，浮叶是主要的功能叶，若莲潜叶摇蚊为害较重，则对植株生长发育影响较大。但是，立叶大量发生后，莲潜叶摇蚊的为害可以忽略。

防治莲潜叶摇蚊的主要方法：

（1）摘除受害严重的浮叶。

（2）用 2.5% 溴氰菊酯乳油 3000 倍液，或 90% 美曲磷酯 1000 倍液或 80% 敌敌畏乳油 1000 倍液喷雾。

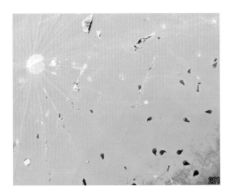

图9-39　莲潜叶摇蚊为害初期症状　　　　图9-40　莲潜叶摇蚊为害后期症状

（四）食根金花虫

食根金花虫又名食根叶甲，以幼虫为害，蛀食根状茎（莲鞭和藕）（图9-41，图9-42）。因幼虫形似蝇蛆，故通常被称为"藕蛆"。幼虫为害植株后，一方面妨碍植株正常生长，使植株长势减弱，常导致莲藕腐败病的发生加重，另一方面严重影响莲藕产品的外观，降低商品性。莲藕食根金花虫以幼虫越冬，而且可以随种藕传播。目前，莲藕食根金花虫是莲藕产区最主要的地下害虫。

图9-41　在枯荷梗中的食根金花虫幼虫　　　图9-42　食根金花虫为害莲地下茎症状

防治食根金花虫的主要方法：

（1）放养泥鳅、黄鳝等捕食莲藕食根金花虫幼虫。

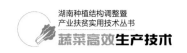
（2）4月下旬至5月中旬，每亩用茶籽饼10千克，捣碎，清水浸泡半小时之后浇泼田间，或每亩用5%辛硫磷颗粒剂3千克加入50千克细土拌匀，施入莲藕植株根际。发生较重的藕田，于子莲发芽之前，即4月中下旬至5月上旬，每亩用5%氟虫腈悬浮剂100~150毫升，先用少量水稀释，再兑水60毫升，拌入50~65克细土中，均匀撒施，或用15%毒死蜱颗粒剂65~85克拌细土50~65克，均匀撒施。

第五节　莲子的采收

一、鲜莲蓬采摘

如若在6月采摘，一般是在开花后22~25天或谢花后15~20天进行；7月以后采摘，一般是在开花后20~22天或花谢后13~15天进行。此时莲蓬籽粒饱满充盈，莲子顶部呈淡青绿色，莲肉甜美清口，品质最佳，若采收过早莲子成熟不充实。

二、老熟莲蓬采摘

当莲蓬呈青褐色，孔格部分带黑色，莲子呈灰黄色，莲子与莲蓬孔格稍分离、孔格变黑色即可采收。通常以加工通芯白莲为目的的莲子果皮带浅褐色时采收，老熟壳莲子则于黑褐色子期采收。采收过早莲子成熟不充实，采收过迟如遇风吹则易脱落。采摘时以清晨或傍晚为佳，采摘时宜按固定路线顺序进行，发现漏采的过熟莲子应清理出莲田。由于子莲的开花期及采收期不同，采收的莲蓬尽量成熟一致，一般隔日采收一次。采收时还要注意少伤荷叶。

［1］柯卫东，王振忠，董文，等．水生蔬菜丰产新技术［M］．北京：中国农业科学技术出版社，2015：14-23；128，138.

［2］杨盛春，罗银华，李忠才，等．莲－油菜水旱轮作高效栽培技术［J］．长江蔬菜（学术版），2012，16：75-76.

［3］魏林，梁志怀．莲藕病虫草害识别与综合防治［M］．北京：中国农业科学技术出版社，2013：11-53.

［4］湖南省蔬菜研究所．一种籽莲种植中腐败病的防治方法：2014 1 0203089.1［P］．2015-10-14.

典型案例 1
"辣"出火红好日子

泸溪县农业农村局

泸溪县位于湖南省西部，湘西土家族苗族自治州东南部。总面积 1565 平方千米，共辖 4 乡、7 镇，150 个村（居）委会。总人口 31.4 万人，其中少数民族 16 万人。泸溪人爱吃辣、不怕辣，泸溪人餐桌的菜几乎是"无菜不辣"，吃辣椒已经是泸溪人的一大爱好。在泸溪，有这样一句话，"米吃辣子米有味，吃了辣子辣死人"。辣椒，已经成为泸溪人生活中不可或缺的调料。近年来，泸溪县进一步加大了辣椒产业的发展力度，按照打造"八大基地"、叫响"八大品牌"的总体要求，围绕"建基地，稳面积，兴科技，提品质"的总体思路，结合全县精准扶贫工作，努力发展产业脱贫的发展战略，把强力推进辣椒产业作为带动群众发家致富的一个重要支柱产业来抓，辣椒产业得到了迅速发展。辣椒，不仅"辣"出了百姓餐桌上的好口味，也"辣"出了百姓火红的好日子。

一、产业扶贫情况

近年来，为推进泸溪特色辣椒品种"玻璃椒"的发展，泸溪县委、县政府紧密结合本县的地域特点，紧紧抓住"玻璃椒"的品种和品牌优势，因势利导，以生产基地为龙头，按照区域化布局、连片集中发展的思路，大力推行"511"工程，即全县每年种植面积稳定在 5 万亩以上，以兴隆场为核心种植区，发展种植面积 1 万亩，以兴隆场、小章为辣椒产业带，推广春提早避雨栽培面积 1000 亩。与此同时，泸溪县还对产业基地实行"五个统一"管理，即统一供种、统一育苗、统一供苗、统一苗木出圃标准、统一保底收购。为进一步加大对辣椒产业基地建设的扶持力度，该县通过政府投入、信贷资金、金融扶贫、社会融资等多种形式，通过强化基地基础配套设施投入，为辣椒产业建设不断注入强大动力，全县形成了以兴隆场镇、小章乡为中心的辣椒规模化生产基地。

目前，全县辣椒种植规模达 1 万亩以上的乡镇有 1 个，种植规模达 5000 亩以上的乡镇有 3 个，规模达 2500~5000 亩的乡镇有 8 个，发展 5 亩以上的辣椒种植户达 200 余户，20 亩以上的 5 户，100 亩以上辣椒大户有 2 户，乡乡有辣椒，户户种辣椒，一乡一业，一村一品的发展格局开始凸显，每到辣椒收获季节，村民的房前屋后、屋顶山坡都晒满了红艳艳的辣椒，"辣椒晒不赢、屋顶变成坪"，家家户户晒辣椒已成为农村一道独有的风景。

二、具体做法

1. 强化科技支撑，辣椒产业实现转型新发展

辣椒产业涉及千家万户，栽培技术和种植水平如果参差不齐，将严重制约辣椒产业的发展，为此，该县不断强化科技支撑，通过加快优新技术、优新品种和优新材料的普及推广，不断加快辣椒产业的转型发展。

强化技术支撑。不断加大"泸溪玻璃椒"提纯复壮技术创新力度，近几年来分别在海南、兴隆场等地开展了提纯复壮筛选基地 10 亩、30 亩。同时，大力引进 20 多种辣椒新优品种，譬如引进的优博辣红丽、辛香 21 号、博辣红牛、新组合 2 号辣椒、白玉辣椒等优良品种，深受广大农户和消费者的好评。先进科技成果的引进和示范，改变了传统的种植技术，进一步调优了品种结构，优化了产业布局，提早了辣椒上市季节，增加了椒农的经济收入。

强化培训服务。依托省农科院蔬菜研究所"三区人才"支持，先后聘请

湖南省农业大学、湖南省蔬菜研究所、湘西州农科院等辣椒专家、教授，深入辣椒主产区，对种植大户、专业合作社社员和椒农进行技术指导，有针对性地开展辣椒育苗、春提早避雨栽培、地膜栽培、田间管理、病虫害防治的培训。通过现场培训、专题讲座、个别指导，辣椒基地的科学栽培水平得到了明显的提高，农户推广科技的热情日益高涨，不仅提高了椒农的科技素质，也提升了辣椒种植的科技含量。

强化样板示范。大力推行"院县共建基地"的模式，将基地办到农户的身边，让农户亲身感受到优新品种、新技术的优势。近几年来，该县先后在兴隆场镇五里坪村建立了春提早避雨栽培基地300余亩，在大坪村建立了春提早避雨栽培基地200余亩，在小章乡瓦曹村建立避雨栽培及高垄窄厢地膜覆盖栽培200余亩，建立了村办30亩以上样板示范点11个，全县先后培养科技示范大户60多户。

2. 突出品牌建设，产品畅销国内外

泸溪辣椒因其品质优良，不仅在国内口碑良好、市场走俏，在国外市场也享有很高的声誉。1990年，"泸溪玻璃椒"被誉为"中国湖南玻璃干椒"。

为进一步增强市场竞争力，拓宽流通渠道，扩大销售市场，近几年来，泸溪县坚持以市场为导向，以品牌建设为突破口，通过着力打造一批具有市场竞争力的特色农产品，进一步做大、做实、做优了特色产业经济"蛋糕"。

2009年，该县申报了"巴斗山牌玻璃椒"商标，改进了玻璃椒包装，使玻璃椒由过去的传统包装变成精品包装。同时，大力开展辣椒深加工，开发了剁椒、辣椒酱、泡椒、油炸辣椒、酸辣椒、姜辣椒等系列加工产品。目前，这些产品除了在浙江、江苏、上海等国内市场非常吃香外，还远销美国、日本和东南亚等10多个国家和地区。2014年，在武陵山片区（湘西）首届生态有机富硒农产品博览会上，泸溪兴隆场"辣椒酱"等系列产品获得了银奖，"油炸辣椒"获得2016年中国中部（湖南）农业博览会农产品金奖。目前，该县正积极筹备对"泸溪玻璃椒"进行品种登记。

为增强产品的竞争力，加强辣椒专业合作社及专业协会的组织建设，大

力推行"合作社＋基地＋农户"的产业化经营模式，通过新型经营主体示范引领，带动了辣椒规模化种植、标准化生产、科学化管理、产业化经营，提高了椒农的经济效益。近年来，泸溪县喜农辣椒农民专业合作社等 4 家专业合作社成立了联合专业合作社，探索出了一条"产—销—加"一体化生产经营模式，加大了辣椒储藏厂房和产后加工生产线建设。目前，该县已建成了 6 条辣椒产品加工生产线，日加工量 200 吨的辣椒加工厂 1 个，实现了企业加工与产业扩面相互带动、共同成长。同时，市场营销由协会统一协调运作，既方便了外地客商，又方便了农民，增加了收入。

辣椒产业的发展使椒农走上了脱贫致富之路。目前，全县辣椒种植规模5.2 万亩，已覆盖了全县 11 个乡镇，134 个行政村，2.57 万户椒农，全县辣椒年总产量达 7.5 万吨，产值达 1.2 亿元，基本实现了全县 93 个贫困村辣椒产业全覆盖，带动脱贫人口 2 万人以上，不少椒农依靠小辣椒盖起了楼房，买回了摩托车甚至小汽车，小辣椒产业已成为泸溪农民发家致富的火红产业。

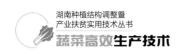

典型案例 2
红辣椒里的产业扶贫"大文章"
——湖南省汝城县辣椒产业精准扶贫项目简介

汝城县农业农村局

汝城县位于湖南省东南部，地处湘、粤、赣三省交界处，素有"鸡鸣三省，水注三江"之称，是湖南通粤达海的"南大门"。全县土地面积 2400 平方千米，辖 14 个乡镇，人口 40 万。近年来，汝城县因地制宜，科学谋划，以实施产业扶贫为抓手，以贫困村、贫困户脱贫增收为目标，以龙头企业为依托，以基地建设为支撑，以合作组织为纽带，积极探索"龙头企业＋合作社＋基地＋贫困户"四位一体的产业扶贫开发模式，走出了一条扶贫扶出产业来，农业"长"出工业来的产业化扶贫开发新路子。

一、产业扶贫情况

汝城县坚持产业化扶贫，以汝城县湘汝食品有限公司（公司致力于辣椒加工 10 年）等龙头企业为依托，重点把文明、岭秀、马桥、泉水、井坡、暖水、集益等乡镇纳入该产业项目的重点实施区域，将扶贫开发与辣椒产业发展相融合，重点建设了 1 个标准化集中育苗基地、3 个千亩辣椒示范基地、一批百亩示范片，启动了繁华食品 50 万吨辣椒制品加工项目，目前，全县发展辣椒种植面积 10 万亩，其中落实辣椒订单种植达 1.55 万亩，覆盖 14 个乡镇 217 个行政村，建档立卡贫困户订单面积 1.22 万亩，按亩产辣椒 1500 千克，每 500 克保底回收价格 3 元计算，预计亩均收入 9000 元，总产值可达 1.39 亿元。有效带动了全县贫困户脱贫致富。

二、主要做法及成效

(一)选准产业，为精准扶贫打开特色路子

"只要产业选得准，扶贫路就好走，致富也就容易了。"这一点，基层的扶贫工作队深有感触。汝城县四季分明，雨量充沛，光照充足，土地肥沃，夏无酷暑，冬少严寒，昼夜温差大，小气候特点鲜明，素有"小昆明"之称，具有发展辣椒产业得天独厚的自然条件。去冬今春，汝城县按照"传统产业保温饱，特色产业促增收"的思路，因地制宜，科学规划，将辣椒产业作为产业脱贫的突破口之一，组织专业技术人员多次深入贫困乡镇实地考察地理条件、水源情况等。通过实地考察，重点把文明、岭秀、马桥、泉水、井坡、暖水、集益等乡镇纳入该产业项目的重点实施区域，将扶贫开发与辣椒产业发展相融合，重点建设了 1 个标准化集中育苗基地、3 个千亩辣椒示范基地、一批百亩示范片，启动了繁华食品 50 万吨辣椒制品加工项目，目前，全县发展辣椒种植面积 10 万亩。

(二)创新机制，为脱贫产业注入政策活水

对于很多贫困户而言，虽然有适合种植辣椒的土地，但是没有政策保障、没有资金来源无疑也是"巧妇难为无米之炊"。

资金是产业脱贫的源头活水。为解决贫困户产业发展的资金难题，汝城县创新机制，切实推出辣椒产业发展的"三重保障"：保障一，免费发放种苗。辣椒种苗统一由县政府无偿发放给有种植意向的农户，其中贫困户的种苗资金从扶贫资金中列支，非贫困户的种苗资金从产业发展资金中列支。种苗购置统一实行政府采购。保障二，由县政府统一对贫困户的辣椒产业发展项目进行农业保险集中投保，降低种植风险。保障三，由政府选准有实力、有技术的龙头企业，由企业负责统一育苗，全程开展技术指导，定保底价，并在保底价的基础上随行就市回收产品；同时，对辣椒产业发展项目进行政策奖补，对贫困户不设门槛，每亩奖补 200 元。在这样的政策引导下，既兼

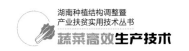

顾了发展县域主导大产业和农户增收小产业的关系，又缓解了贫困户政策叠加与非贫困户政策乏力的矛盾，进一步增强了产业的发展后劲。

（三）主体带动，让贫困户在产业链上轻松脱贫

发展农业产业，既涉及复杂的农业技术，又涉及变化莫测的市场。对于势单力薄的贫困户而言，依靠自身力量发展产业实现脱贫困难重重。

汝城县积极探索扶贫模式，完善"龙头企业＋合作社＋基地＋贫困户"运行机制，依托省级龙头企业——汝城县湘汝食品有限公司，在所种植辣椒的乡镇选定合作社或种植大户，采取"订单种植"的方式，把贫困户吸纳到辣椒产业发展中，由企业和合作社共同对辣椒种植采取统一集中育苗、统一移栽季节、统一病虫防治、统一技术指导、统一保底收购"五统一"的扶持措施，提高辣椒生产的标准化程度和市场竞争力。目前，全县 14 个乡镇 217 个行政村共落实辣椒订单种植 1.55 万亩，其中建档立卡贫困户订单面积 1.22 万亩，按亩产辣椒 1500 千克，每 500 克保底回收价格 3 元计算，预计亩均收入 9000 元，总产值可达 1.39 亿元。通过规模化种植、标准化管理、保底价收购，群众发展辣椒产业脱贫致富的积极性日益高涨。

蔬菜是湖南省的优势、特色农业产业，品种资源丰富，生产规模大，人才技术和区位优势明显，常年播种面积在 2000 万亩左右，年产量约 4000 万吨，对保障城镇居民蔬菜供应、农民增收和优化种植业结构、脱贫攻坚具有十分重要的作用。

　　为满足生产需要，普及推广蔬菜种植技术，我们组织编写了《蔬菜高效生产技术》。本书集专家科研成果和菜农经验于一体，从蔬菜生产实际需要出发，选择 9 种产品安全可靠，效益相对较好的蔬菜作物进行介绍，每一种蔬菜的描述都包括对环境条件的要求、优良品种选择、培育壮苗、整地施肥、田间管理、病虫害防治、采收等方面的内容。该书层次分明，文字通俗，图文并茂，技术科学实用，可作为技术培训资料或供从业人员在生产中参考使用。

　　本书在编写过程中参阅和引用了国内外许多学者、专家的研究成果与文献，在此一并表示感谢！

　　由于编者水平有限，书中如有不妥之处，敬请读者批评指正。

编　者